KNAUR

Im Knaur Verlag sind bereits folgende Bücher der Autorin erschienen:
Die erstaunlichen Kräfte der Effektiven Mikroorganismen – EM
Darmbakterien als Schlüssel zur Gesundheit

Über die Autorin:
Dr. Anne Katharina Zschocke studierte Humanmedizin, Homöopathie und Naturheilverfahren in Freiburg und London. Nach klinischer Tätigkeit wechselte sie, ihrer Berufung folgend, für einige Jahre in den praktischen Gartenbau. 2001 gab sie das erste Seminar in Europa zu Effektiven Mikroorganismen (EM) und wird seither als führende Kapazität in der Bakterienheilkunde und der Mikrobiomtherapie weltweit zu Vorträgen und Seminaren eingeladen. Sie ist eine der renommiertesten Referentinnen und Buchautorinnen zu diesen Themen und war als EM – Fachausbilderin auch in Südamerika und Afrika tätig. Sie ist ein beliebter Gast in Funk und Fernsehen.

Dr. Anne Katharina Zschocke

EM kompakt

Effektive Mikroorganismen und ihre praktische Anwendung

KNAUR

Wichtiger Hinweis:
Dieses Buch wurde nach bestem Bemühen recherchiert. Verlag und Autorin übernehmen weder Verantwortung für die Anwendung der Effektiven Mikroorganismen noch für Änderungen, die im Zusammenhang mit EM-Produkten zwischen Verfassen des Manuskriptes und Erwerb des Buches entstanden sind. Das Buch ersetzt keine medizinische Diagnose oder Behandlung. Unklare Beschwerden sollten auf jeden Fall medizinisch abgeklärt werden. Eine Garantie und Haftung kann nicht übernommen werden.

Besuchen Sie uns im Internet:
www.knaur.de

FSC
www.fsc.org
MIX
Papier aus verantwortungsvollen Quellen
FSC® C083411

Deutsche Erstausgabe Mai 2014
Knaur Taschenbuch

Redaktion: Ralf Lay
Umschlaggestaltung: ZERO Werbeagentur, München
Umschlagabbildung: FinePic®, München
Satz: Sandra Hacke, Mediengestaltung
Druck und Bindung: CPI books GmbH, Leck
ISBN 978-3-426-87671-8

11 10 9

Inhalt

Vorwort 7

I. Die Effektiven Mikroorganismen (EM) 9
1. Was sind EM? 9
2. Wo können EM helfen? 13
3. Warum helfen EM? 14
4. Warum eine Mikrobenmischung? 16
5. Das Miteinander der Mikroben 18
6. Der Strom des Lebendigen 20
7. Bakterie und Mensch 22
8. Erfahrungen mit EM 25
9. Die Geschichte der EM 28
10. Die Zusammensetzung der EM 29
11. Wie wirken EM? 31
12. Grundsätze der EM-Anwendung 35
13. Handhabung 37
14. Dosierung 40
15. Verdünnung 43
16. Haltbarkeit 46
17. Woran erkennt man, ob EM noch wirksam sind? 48
18. EM zu EMa vermehren 49
19. Die Produktpalette der EM 58

II. EM-Technologie 63
20. Unter Verwendung der EM hergestellte Produkte 63
21. EM-Keramik 64
22. Bokashi 68
23. EM-Lehmkugeln (Dangos) 70
24. Mit EM fermentierte Getränke 73

25. EM-Pflanzengärsäfte (FKE, FPE) 75
26. EM 5 78
27. EM-Salz 78

III. Praktische Anwendungen
der Effektiven Mikroorganismen 81
28. Vorbemerkung 81
29. Garten 83
30. Wasser 123
31. Gewässer 130
32. Tiere 137
33. Mensch 170
34. Haushalt und Auto 185
35. Abwasser 212
36. Bauen und Renovieren 216
37. Energiegewinnung 224

IV. Anhang 229
Weiterführende Literatur 229
Bezugsquellen 233
Kontakt 233
Danke! 234
Stichwortverzeichnis 235

Vorwort

Die Natur ist dic Mutter der Menschheit,
die Liebe ihre Bildnerin …
Heinrich Zschokke

Wenn man zum ersten Mal von Effektiven Mikroorganismen hört, kann man sich meist nicht so recht vorstellen, was EM nun eigentlich sind, was man mit ihnen macht und vor allem: wie man sie praktisch für ihre segensreiche Wirkung einsetzt. Um alle diese Fragen zu beantworten, habe ich dieses Buch geschrieben, insbesondere für Menschen, die keine Zeit haben, dickere Bücher zu lesen.
Kurz, aber umfassend werden alle notwendigen Grundlagen der EM beschrieben und die praktische Verwendung erklärt. Im thematischen Praxisteil mit alphabetisch angeordneten Anwendungen kann man leicht alle gängigen Einsatzmöglichkeiten mit Dosierungen einzeln nachschlagen. Zahlreiche Tipps und Hinweise, die sich aus der jahrzehntelangen Erfahrung mit EM entwickelten, ergänzen die praktischen Anleitungen.
In diesem Buch findet jeder Interessierte alles, was man zum sinnvollen Umgang mit den Effektiven Mikroorganismen wissen muss: Anfängern erleichtert es den Einstieg, erfahrene EM-Anwender können bequem neue und alte Informationen darin nachschlagen.
Ich wünsche Ihnen viel Freude beim Lesen und Ausprobieren und viele schöne Erfahrungen mit den Effektiven Mikroorganismen!

Anne Katharina Zschocke,
Januar 2014

I. Die Effektiven Mikroorganismen (EM)

1. WAS SIND EM?

Effektive Mikroorganismen sind eine mikrobielle Mischkultur aus circa dreizehn verschiedenen Stämmen, überwiegend Milchsäurebakterien, Hefen und Photosynthesebakterien, die in flüssiger Lösung bei einem sauren pH-Wert von etwa 3,5 anaerob stabilisiert sind. Sie werden abgekürzt »die EM« genannt.

EM sind imstande, ein Ungleichgewicht, bei dessen Entstehung Mikroorganismen beteiligt waren, wieder in einen harmonischen Fluss im Kreislauf des Lebendigen zu überführen. Aus Fäulnis, Gestank, Schimmel, Rost, Verderben oder Krankheit wird gesundes Gedeihen, Reinheit, Harmonie und Fruchtbarkeit. Da Mikroorganismen natürlicherweise alles besiedeln, was auf der Erde existiert, kommen bei jeder Störung Mikroorganismen vor, so dass eine Hilfe durch EM in unglaublich vielfältiger Weise und in allen Lebensbereichen möglich sein kann.

EM verbessern den Boden und lassen Pflanzen gesünder wachsen. Pflanzen blühen freudiger, und die Fruchtbarkeit von Nahrungspflanzen nimmt zu, Schädlinge bleiben fern. Früchte sind von höherer Qualität, die Erntemenge steigt, sie schmecken besser und lassen sich länger lagern.

Tiere, die mit EM versorgt werden, bleiben gesund. Haut-, Fell- oder Gefiederprobleme verschwinden, Futter wird besser verdaut und verwertet, Fruchtbarkeit und Zufriedenheit nehmen zu, und ihr Verhalten wird sozialer. EM helfen sowohl in der Hygiene als auch beim Reinigen, erleichtern fast überall das Arbeiten und bewirken ein gesundes Raumklima. Sie werden im Energiemanagement und beim Bauen eingesetzt, vermögen Wasser und Luft zu klären und lösen unlösbar erscheinende Probleme. Beim Menschen regen EM die Selbstheilungskräfte an, verbessern Haut- und Wundheilung, helfen bei Diäten und unterstützen Stoffwechselgesundheit, Verdauung und das Immunsystem.

Diese Aufzählung von Erfahrungen, die in den fast dreißig Jahren seit Entdeckung der EM gemacht wurden, ließe sich seitenlang fortsetzen, doch stockt Ihnen beim Lesen vielleicht hier schon der Atem mit einem Gedanken, der angesichts der Fülle von Möglichkeiten häufig auftaucht: »Das kann nicht sein, das wäre ja ein Wundermittel.«

Tatsächlich öffnen EM unseren Blick für eine wunderbare Welt: die Wunder des Mikrokosmos. Das Wunder sind nicht die Effektiven Mikroorganismen selbst, sondern das eigentliche Wunder ist unsere unerschöpfliche Natur, sind die unzähligen Kleinstlebewesen und ihr unermüdliches Wirken, das wir erst allmählich zu begreifen lernen. Es sind die Wunder einer Welt, die nicht vom Sichtbaren bestimmt, sondern ganz wesentlich vom Unsichtbaren belebt, durchströmt, gesteuert und erhalten wird.

Tatsächlich entdecken Forscher unentwegt neue Eigenschaften von Mikroorganismen, die wir zuvor anderen Umständen zugeordnet hatten. So weiß man erst seit kurzem, dass Darmbakterien Neurotransmitter ins Blut abgeben, die als Botenstoffe Gehirnfunktion und Nervensystem steuern, und dass Mikroorganismen im Himmel für die Wolkenbildung und den Regen verantwortlich sind. Dass sie im Erdboden die Fruchtbarkeit bewirken und durch Ketten von Zuckern, die sie ausscheiden, die Krümel zusammenhalten, ist schon länger bekannt. Einzeller setzen also Himmel und Erde in Bewegung, auch in jedem von uns, und halten alles zusammen. Sie sind überall, und sie können schier alles. Atmosphäre und Boden sind im Laufe der Erdentwicklung ebenso durch die Einzeller entstanden wie der Mensch. Warum sollten sie also nicht auch regenerative Universalhelfer sein?

Die Vielfalt der Anwendungsmöglichkeiten der EM kommt uns bemerkenswert vor, weil wir es gewohnt sind, die Welt, in der wir leben, durch unseren analytischen Verstand in lauter getrennte einzelne Bereiche zu unterteilen. Boden, Pflanze, Tier und Mensch, Käsefermentation und Betontrockenzeit, Stallgeruch, Juckreizlinderung und Fleckentfernung scheinen nicht viel miteinander gemeinsam zu haben. Haben sie aber: Sie sind in Wirklichkeit alle im Strom des Lebens unsichtbar miteinander verbunden, der, getragen von diesen winzigen, unseren bloßen Augen weitgehend verborgenen Wesen, im Kreislauf des Lebendigen durch die ganze Welt der Erde zieht.

Um EM richtig zu verstehen, müssen wir daher erst einmal unsere bisherigen Vorstellungen und unser gewohntes Denken über Bord werfen, neu hinschauen und es in einen lebendigen Fluss bringen. Die meisten von uns kennen Mikroorganismen nur von Erzählungen oder haben sie vielleicht gelegentlich vergrößert abgebildet gesehen. Solche Fotos täuschen eine Unbeweglichkeit vor, die nicht der Wirklichkeit entspricht. Die Einzeller liegen keineswegs da wie starre Murmeln auf einem Spielbrett, sondern sie wimmeln und wuseln. Schaut man sich die EM unter dem Mikroskop an, staunt man über ihre unentwegten kraftvoll-feinen Bewegungen. Sie sind der Ausdruck prall-unternehmerischen Lebens.

EM wurden ursprünglich als Bodenverbesserungsmittel entwickelt, und ihre Stammlösung ist heute noch als Bodenhilfsstoff oder Siliermittel im Handel. Daraus hat sich im Laufe der Zeit die »EM-Technologie« entwickelt.

Ihre Kulturen werden für den deutschsprachigen Raum in Europa von unterschiedlichen Herstellern vermehrt, und die Handelsbezeichnungen der EM-Stammlösung, mit der alle Anwendungen praktiziert werden können, lauten derzeit »Urlösung«, »Farming« und »EM-1«. Sie enthalten keine gentechnisch veränderten Organismen (s. S. 30).

Das Besondere der Effektiven Mikroorganismen ergibt sich nicht allein aus der Summe zusammengemischter Mikroben, sondern aus ihrem speziellen Miteinander. Ähnlich wie ein Orchester, das eine Mozart-Sinfonie spielt, andere Musik hervorbringt als eine gleich große Schar Einzelmusiker, die beliebige Töne von sich geben, spielt bei den EM die Art des Zusammenwirkens eine entscheidende Rolle für den Erfolg ihres Tuns. Die in EM zusammengeführten Stämme ergänzen einander dabei in einer Weise, die folgendermaßen erklärt wird: Ein Mikrobenstamm nimmt einen Stoff auf und gibt einen anderen ab. Dieser wird von einem anderen verwendet, der einen dritten Stoff abgibt, der wiederum von einem anderen gebraucht wird. Was ein Mikrobenstamm produziert, wird von einem anderen als Nährstoff aufgenommen, und jeder nimmt und gibt, so dass im Endeffekt alle versorgt sind und alles wieder gebraucht wird. Es herrscht keinerlei Mangel, und es bleibt kein Müll. Für dieses Miteinander hat sich der Begriff »friedliche Koexistenz« eingebürgert. Er besagt, dass jedes Lebewesen seine ihm eigene Aufgabe im Miteinander erfüllt, gut versorgt ist, sowohl aufnimmt als auch abgibt und dass nirgendwo Reste anfallen, die überflüssig sind. Alles ist miteinander in einem lebendigen Fluss vernetzt und eingewoben. Mikrobiologisch betrachtet, spielt beim Miteinander der EM der Sauerstoff eine wichtige Rolle, und die Stämme in EM stehen in ganz verschiedenem Verhältnis zum Sauerstoff. Teilweise benötigen sie ihn, teilweise können sie ihn jedoch nicht brauchen. Aus einem insgesamt anaeroben Wirken ergibt sich daraus eine starke antioxidative Kapazität (s. S. 33).

Diese »friedliche Koexistenz« innerhalb der EM äußert sich im Kleinen wie im Großen: Fermentiert man mit Hilfe der EM zu Hause

organische Abfälle, werden sie als nützlicher Dünger wieder in den Kreislauf zurückgeführt, bevor sie anfangen, zu faulen und zu verschimmeln. Bei der Umwandlung von Rasenschnitt (s. S. 96 ff.) können sie auf diese Weise sowohl die Entsorgungskosten in der Biotonne als auch den Einkauf von Rasendünger ersparen. Dasselbe gilt für Müllverwertung oder Kompostanlagen im großen Stil (s. Kap. 8).
Der Einsatz der EM hat auf diese Weise schon auf der ganzen Welt gewaltige Probleme preiswert und rasch gelöst.

2. WO KÖNNEN EM HELFEN?

EM können prinzipiell in allen Lebensräumen auf der Erde hilfreich sein, die eine Störung aufweisen: im Kreislauf von Boden–Pflanze–Tier/Mensch, in Luft und Wasser. Und sie können zur Verbesserung von Materialien beitragen.

Nur wo sie aufgrund ihrer Eigenschaften nicht leben können, beispielsweise im Meerwasser, hat ihr Einsatz natürlich keinen Sinn. Wo es keinerlei Probleme gibt und wo keine Verbesserung notwendig ist, also die bestehende Mikrobenaktivität ein angemessenes Wirken in Gesundheit und Schönheit ausdrückt, werden EM auch nicht gebraucht.
Sie werden seit vielen Jahren in Garten und Landwirtschaft, zur Abwasserbehandlung und Gewässersanierung, in Haushalt, Schulen und zur Hygiene, in Gastronomie, Reinigungsunternehmen und Hotelgewerbe, bei der Tierhaltung, in Tierkliniken, zur Renovierung, Sanierung, im Denkmalschutz, bei der Energiegewinnung und im Baugewerbe sowie in vielen weiteren Bereichen eingesetzt.

3. WARUM HELFEN EM?

Weil sie imstande sind, ein Milieu auf der Ebene der größten Lebendigkeit, nämlich der der Kleinstlebewesen, mit Energie und einem regenerativen Impuls zu versorgen und dadurch insgesamt umzustimmen.

In der viereinhalb Milliarden Jahre alten Erdgeschichte waren Einzeller die ersten Lebewesen, die existierten, sie wurden bereits in 3,8 Milliarden Jahre alten Fossilien nachgewiesen. Bakterien waren es auch, die die ursprüngliche Gashülle um die Erde in eine lebensfreundliche Atmosphäre verwandelten. Bis der Homo sapiens vor etwa 0,00012 Milliarden Jahren auf dem Planeten in Erscheinung trat, hatten Einzeller bereits viele Milliarden Jahre lang Gaspartikel aus der Lufthülle in den Boden verlagert und damit eine sauerstoffreiche Atmosphäre geschaffen, in der Lebewesen, auch wir Menschen, atmen und mit einem energiereichen Stoffwechsel leben können.
Diesen jahrmilliardenalten Prozess kehren wir seit der Verwendung fossiler Rohstoffe zur Verbrennung für die Energienutzung um. Indem wir Erdöl, Kohle, Erdgas und Torf aus der Tiefe holen, um damit zu heizen, Strom, Benzin und Wärme zu erzeugen, setzen wir all jene Substanzen wieder in die Atmosphäre frei, die einst mit Hilfe der Mikroben in der Erde fixiert worden sind.
Der gestiegene Luftgehalt von CO_2, Stickoxiden und anderen Verbrennungsprodukten hat Auswirkungen auf die Mikroorganismengesellschaft in der Luft. Sie können die ihnen vertrauten Aufgaben nicht mehr bewältigen, sind mit all den Giften überfordert und können die Kreisläufe beispielsweise von Kohlenstoff und Stickstoff nicht mehr aufrechterhalten, die für ein Gleichgewicht auf dem Planeten notwendig sind. In der Folge sind diese Kreisläufe überall blockiert und gestaut.

Praktisch heißt dies: In unserer Luft und überall, wo die Luft in Kontakt mit Materie kommt, beginnt diese zu degenerieren: zu schimmeln, sich zu zersetzen, zu rosten oder zu faulen.
Gleichzeitig führen die modernen Lebensgewohnheiten zu besseren Bedingungen für das Wachstum von Schimmelpilzen. Die Dichte an Schimmelpilzen nimmt regional über die Maßen zu. Lebensmittel, die im Haushalt einst lagerfähig waren oder bloß vertrockneten, werden heute, sofern sie nicht bereits chemisch dagegen präpariert wurden, in kürzester Zeit durch Schimmel verdorben. Orgeln, die jahrhundertelang unversehrt in Kirchen standen, werden auf einmal von Schimmel zersetzt, Baudenkmäler zerfallen.
Wenn wir an dem Zerfall etwas ändern wollen, müssen wir dies zusammen mit den Mikroorganismen tun, und die EM zeigen, dass das geht.
Mikroorganismen haben in der Vergangenheit alle Rohstoffe entstehen lassen, die uns bisher zur Energienutzung dienten. Sie können auch jetzt jeden gestörten Lebensraum wieder mit Energie versorgen. Weil wir sie wegen ihrer Winzigkeit einzeln nicht mit bloßem Auge sehen, vergessen wir leicht, wo sie überall sind, was sie alles bewirken und was wir ihnen alles verdanken. Wo Fäulnis, Schimmel und Verderben gesundes Leben überwuchern, was sich in Gestank, Krankheit, Zerfall oder Zerstörung offenbart, zeigen uns die Mikroorganismen an, dass das natürliche Gleichgewicht von Lebensprozessen empfindlich gestört ist. Geben wir eine gesunde Mikroorganismenmischung in solch eine Situation hinein, können die Einzeller die Lösung des Problems selbständig miteinander finden.
Effektive Mikroorganismen sind also eine Mikrobenmischung, die imstande ist, das Ungleichgewicht, das auf der Erde entstanden ist, wieder auszugleichen, das Überwiegen degenerativer Vorgänge aufzuhalten und dank ihres Miteinanders und ihrer lebendigen Energie den übermäßigen Zerfall zu stoppen.

4. WARUM EINE MIKROBENMISCHUNG?

Weil das Wirken der Mikroorganismen grundsätzlich in vernetzter Gemeinschaft, Vielfalt und ständiger Kommunikation stattfindet.

Alles auf, in, unter und über der Erde ist natürlicherweise von Einzellern belebt. Diese leben in Biofilmen, also in Mikrobengemeinschaften, die oft als dünner, schleimiger Film Grenzflächen überziehen, und in ständigem Kontakt sowohl untereinander als auch mit anderen Zellen und Strukturen sind. Welche Einzeller sich jeweils entwickeln, entscheidet sich in einem Miteinander zwischen den potenziellen Mikrobenarten und dem betreffenden Milieu. Mit den EM führt man dieses Miteinander bewusst in eine lebensfördernde Richtung.

Um EM zu verstehen, ist es wichtig, das Wirken aller Mikroorganismen als Ausdruck von Gemeinschaft zu sehen. Wir sind es bisher gewohnt gewesen, Einzeller als Einzelstämme zu betrachten und zu benennen, zum Beispiel als *E. Coli* oder *Lactobacillus acidophilus.* Im 19. Jahrhundert begann man, sie zu analysieren, zu definieren und zu benennen und sie herausgelöst aus ihrem sozialen Kontext als Einzelstämme auf Nährstoffplatten in sogenannten Reinkulturen zur Monokultur heranzuzüchten. Das ist möglich, weil sie sich als Einzelstämme unter passenden Wachstumsbedingungen immer weiter verdoppeln. Allerdings entstand mit der Züchtung von Reinkulturen eine künstliche Situation, die es so weder in der Erde noch bei Pflanzen, Tieren oder Menschen gibt. Nirgendwo in der reinen Natur gibt es eine isolierte Rein»kultur«. Mikroben sind stets auf vielfältige Weise miteinander verknüpft sowie in ständiger Wahrnehmung und in Kontakt mit allen in ihrer Reichweite befindlichen Elementen, Wesen, Zellen und Prozessen vernetzt. So regulieren sie, wie wir heute wissen, die Zusammensetzung ihrer Population, ihre Bestandsdichte und alle weiteren Aktivitäten über Kommunikation untereinander je nach den Erfordernissen vor Ort. Monokultur ist also eine aus einem Missverständnis heraus entstandene Erfindung der Menschheit.

Das analytische Denken aus der Forschung des 19. Jahrhunderts setzte sich jedoch, unterstützt von moralischem und politischem Zeitgeist, dominant durch. Nachdem man bakterielle Monokulturen versuchsweise in Tiere gespritzt hatte und diese daraufhin krank wurden, hielt man die Einzeller für die Ursache von Erkrankungen. Dieser scheinbar zwingende Zusammenhang wurde in kurzer Zeit zur Allgemeingültigkeit erhoben mit der Konsequenz, dass es zur Entwicklung von bakterientötenden Mitteln kam, die bis heute in großem Umfang eingesetzt werden. Dass Bakterien gefährlich sein und krank machen können, ist seither fast weltweit zu einer Art Glaubenssatz in der Vorstellung der Menschheit geworden.

Hinterfragt man jedoch die Vorgehensweise der damaligen Forscher, fällt auf, dass nicht die Mikroben selbst die Ursache der Erkrankung gewesen sein müssen, sondern dass allein die Methodik der Versuche dazu schon genügt. Auf der Erde, auf der wir leben, macht jede Art von Einseitigkeit krank. Monokulturen sind sowohl im Pflanzenanbau als auch in der Tierhaltung ebenso wie im menschlichen Leben bekanntermaßen überaus anfällig für Zerfall und Tod, während Vielfalt in jedem Lebensbereich stabilisierend ist und flexible Reaktionen auf jegliche äußere Einflüsse erlaubt. Gibt man in ein »Versuchswesen« eine Monokultur von Einzellern, wird dieses Wesen folgerichtig erkranken.

Es wäre in etwa damit vergleichbar, dass sich ein Mensch plötzlich ausschließlich mit einer bestimmten Menge einer einzigen Speise ernährte, beispielsweise Käse. Er bekäme nach kürzester Zeit gesundheitliche Probleme, aber es käme wahrscheinlich niemand auf die Idee, daraufhin Käse zu bekämpfen. Vielmehr würde man dem

Menschen zu einer gesunden Mischkost raten, damit er wieder gesund wird.
Mit den Mikroorganismen ist es ebenso. Ist ein Lebensraum aufgrund einer – meistens durch menschliche Eingriffe entstandenen – Einseitigkeit geschädigt, nutzt es nichts, einen Teil der Mikroben dort zu bekämpfen. Vielmehr kann eine Gabe von Vielfalt in Fülle diesen Schaden beheben. Dies ist mit den EM möglich.
Die Absurdität unseres bisherigen Vorgehens wird deutlich, wenn wir uns vor Augen halten, dass Mikroorganismen alles Leben auf dem Planeten Erde entwickelt haben, auch unser eigenes, und dass wir zahlenmäßig mehr Einzeller mit uns tragen als körpereigene Zellen.
Mit den EM erleben wir, dass eine mikrobielle Mischkultur auf eine Mikrobenbesiedlung, deren Aktivitäten und das gesamte Milieu regulierend Einfluss nehmen kann. Die Wiederherstellung eines gesunden Miteinanders kann alle durch Einseitigkeit hervorgerufenen Hindernisse heilen.

5. DAS MITEINANDER DER MIKROBEN

Mikroorganismen kommunizieren.

Am bekanntesten ist ihr Austausch von Signalbotenstoffen. Bakterien besitzen auf den Außenwänden Rezeptoren für unterschiedliche Stoffe, die über einen Impuls ins Innere ihre Aktivitäten regeln: Bewegungen, Vermehrung, Stoffwechselwege, Genübertragung und alles andere. Als Botenstoffe dienen Substanzen, die von anderen Bakterien, aber auch durch Pflanzen-, Tier- und jede andere Zelle abgegeben werden oder sich im Milieu befinden. Die Möglichkeit, dass alle Bakterien mit den passenden Rezeptoren auf einen Reiz reagieren und ihr Verhalten gleichzeitig danach ausrichten können, nennt man »Quorum Sensing«.

Auf diese Weise wird unter anderem ihre Besiedlungsdichte geregelt: Nimmt die Botenstoffdichte ab, beispielsweise weil zahlreiche Bakterien abgestorben sind, wird dies von den Bakterien erkannt, woraufhin sie ihre Verdopplungsrate erhöhen. Mit zunehmender Besiedlung nimmt die Dichte an Botenstoffen wieder zu, und die Verdopplung wird daraufhin wieder auf das angemessene Niveau herabgesetzt. Mikroorganismen regeln ihre Aktivitäten also je nach Bedarf und sorgen selbständig für eine angemessene Population.

Auch durch den Austausch von Lichtquanten und Elektronen informieren sich Einzeller untereinander über die Bedingungen, Lebewesen, deren Bedürfnisse und das Geschehen in ihrer Umgebung. Da dieser Austausch nicht örtlich beschränkt ist, ist ihre Kommunikation grundsätzlich grenzenlos. Wir haben darein bisher erst sehr wenig Einblick.

Kleinstlebewesen tauschen auch genetisches Gut untereinander, mit der Umgebung und mit anderen Zellen aus. Neben ihren Chromosomen, in denen gewissermaßen alle alltagsnotwendigen Informationen kodiert sind, besitzen Mikroorganismen kleinere, meist ringförmige Genpartikel, sogenannte Plasmide. Plasmide können unabhängig vom Chromosom verdoppelt und in andere Einzeller, Pflanzen- oder Tierzellen oder in die Umgebungslösung abgegeben werden.

Auf Plasmiden sind Besonderheiten niedergelegt, die über das Alltagsnotwendige eines Einzellers hinausgehen, sowie neuerworbene Eigenschaften. Dazu gehören zum Beispiel die Bildung bestimmter Schutzeiweiße, die Fähigkeit, gewisse Verbindungen zu knacken, und die Resistenz gegenüber bakterientötenden Mitteln. Dass solche Informationen in beliebigem Umfang und über unbegrenzte Entfernungen überallhin weitergegeben werden können, beweisen die Funde von Resistenzplasmiden gegen Antibiotika in der Tierwelt abgelegenster Erdgegenden, wie in Pinguinen an den Polen und Fischen in den Ozeanen. Die Erfahrungen der Einzeller verbreiten sich also weltweit, in der Tiefsee wie in Gebirgen und auch im Himmel, der mit allen Wolken von Einzellern erfüllt ist.

Wie sich die Effektiven Mikroorganismen genau verständigen, wurde noch nicht speziell erforscht. Dass EM mit den Mikroorganismen vor Ort kommunizieren, konnte man beispielsweise dort ablesen, wo vorhandene MRSA (Methicillin-resistente *Staphylococcus aureus*) nicht mehr nachweisbar waren, nachdem EM dort ausgebracht worden waren. Sobald allerdings wieder Antibiotika gegeben wurden, kam die Resistenz auch wieder zum Ausdruck.

Es ist denkbar, dass die Gegenwart der EM als Mikrobengemeinschaft zur Stilllegung der Resistenz-Plasmidenaktivität bei den strapazierten Mikroorganismen führte. In diesem Miteinander liegt also das Potenzial für sehr viel Heilung.

6. DER STROM DES LEBENDIGEN

Wir leben im ständig sich durch alle Zeiten und Lebensbereiche hindurchbewegenden Strom mikrobiellen Lebens.

Für Mikroorganismen gibt es keine Grenzen auf der Erde. Mit Wasser und Wolken, mit der Luft und dem Wind, mit Vögeln und Fischen, mit Menschen und modernerweise mit allen mobilen Verkehrsmitteln und Waren wechseln sie beliebig Land und Leute.

Dabei wohnen Einzeller nicht *auf* etwas drauf, vielmehr strömen sie mitten durchs Lebendige *hindurch.* Deshalb ist der Ausdruck »Bakterienflora« auch nicht korrekt. *Flora* ist lateinisch und bezeichnet beispielsweise den Pflanzenbewuchs auf einem Fleckchen Land. Es ist ein Begriff für Statisches, denn Pflanzen wachsen gebunden an einen Ort. Das wird den Einzellern nicht gerecht, auch wenn es langfristige Bakterienbesiedlungen auf Flächen gibt. Bakterien bewegen sich im Kreislauf von Boden, Pflanze, Tier und Mensch und natürlich der ganzen Umgebung.

Im Erdreich bilden die Mikroorganismen Gemeinschaften, die die Grundlage für alles Gedeihen legen. Sie setzen Materie um, und die entstehenden Verbindungen wie Zuckerketten schaffen feine Poren, in denen Luft, Wasser und andere Kleinstlebewesen Raum haben. Sie erhalten unentwegt ein Gleichgewicht. Wasserbindungskapazität, Stabilität und Belastbarkeit, Flexibilität und die gesamte Bodenfruchtbarkeit sind ihrer Aktivität zu verdanken. Hier bilden die Bakterien und Pilze die lebendige dynamische Brücke zwischen Erdreich und Pflanze, und entscheidend dafür ist die harmonische Vielfalt und Fülle von Mikroben, die dort existiert. Dabei tauschen Wurzel und Boden sogar gegenseitig ganze Zellen aus.

Vom Boden in die Pflanze gelangen die Mikroben weiter in den Körper dessen, der diese verspeist. Ein Käfer, ein Kaninchen oder eine Kuh nehmen mit pflanzlicher Nahrung immer auch Einzeller, die aus dem Boden stammen, in ihre Verdauungsorgane auf. Dort erfüllen sie vielfältige Aufgaben.

Einen Teil der Bodenbakterien nehmen auch wir Menschen mitsamt all ihren Informationen, auch den genetischen, bis in unser Blut hinein auf. Bei Schwangeren werden diese Mikroorganismen über das Nabelschnurblut an Kinder weitergegeben. In Tierversuchen waren markierte Bakterien, die der Mutter mit dem Futter gegeben wurden, bei der Geburt im Babydarm zu finden. So wandern Einzeller von Tier zu Tier und Mensch zu Mensch und mit dem Blut zu den Nachkommen, als Strom des Lebendigen von Anfang an durch die Zeit, weitergegeben von Mutter zu Kind, von Generation zu Generation.

Ein Drittel des menschlichen Stuhlgewichts ergibt sich aus der Bak-

terienmischung, die schließlich den Menschen verlässt und die einst, als sich ein Plumpsklo traditionell noch beim Misthaufen befand, mit selbigem in den örtlichen Boden zurückkehrte. So schloss sich der Strom der Mikroben an einem Ort zum Kreislauf des Lebendigen zusammen.
Dieser Fluss in der Besiedlung von Boden, Pflanze, Tier und Mensch bewirkt eine Harmonisierung und Stabilisierung des Lebensraumes und dadurch dessen Fähigkeit, auf äußere Einflüsse flexibel zu reagieren, ohne in Einseitigkeit zu geraten. So ergänzen die Bakteriengemeinschaften vor Ort einander mit umherströmenden Mikroben in Raum und Zeit.
Einzelzellen, sogenannte Wurzelspitze-Boden-Grenzzellen, lösen sich aus dem Pflanzenwurzelverband in die Umgebung ab und entwickeln dabei Aktivitäten, die mit Enzymeiweißen und sekundären Pflanzenstoffen das Wachstum der umgebenden Bodenlebewesen regulieren.
Diese Kreisläufe sind in der heutigen Welt nahezu überall durch die unnatürliche Trennung in Einzelbereiche gestört.

7. BAKTERIE UND MENSCH

Mensch und Mikrobe sind eins.

Die Gesamtheit aller mit dem menschlichen Körper kurz- oder langfristig zusammenlebenden Mikroorganismen nennt man »Mikrobiom«. Alle Mikroorganismen kommunizieren untereinander und bilden dadurch ein gemeinsames, uns quasi durchwebendes Mikrobenorgan aus Einzellern, das als Ganzes auf Einflüsse seiner Teile reagieren kann.
Die erste Besiedlung eines Menschen mit Mikroorganismen erfolgt

innerlich durch Übertragung von Bakterien von der Mutter über das Nabelschnurblut und äußerlich bei der Geburt durch die in der mütterlichen Vagina lebenden Milchsäurebakterien, die das Neugeborene beim Durchwandern des Geburtsweges einhüllen, sowie der Bakterien, die bei der Geburt in der Umgebung leben. Sie werden ebenfalls innerlich aufgenommen. Fortan lebt eine Gemeinschaft unterschiedlich lange verweilender Kleinstlebewesen in Kontakt mit allen unseren Organen.

Gemeinsam mit den mit der Muttermilch geschluckten Bakterien übernehmen sie in den ersten drei Lebenswochen die Verdauung, während auf den Epithelzellen der Schleimhäute der für das weitere Leben notwendige bakterielle Biofilm aufgebaut wird, der die eigenständige Resorption und den Stoffwechsel der Nahrung im Darm später erst ermöglicht.

Überall am Körper haben Bakterien Aufgaben für uns übernommen, zu denen die Körperzellen allein nicht fähig sind, und zwar wahrscheinlich wesentlich mehr Aufgaben, als wir bisher wissen.

Jede Gestaltung unserer Lebensweise, Nahrung, Kleidung, Körperpflege, der Umgang miteinander und jeder Kontakt mit der Umwelt beeinflussen unsere persönliche Bakteriengesellschaft. Diese lässt sich bewusst gestalten. Eine ihrer ersten Aufgaben ist die Entwicklung eines Immunsystems. Durch den Kontakt der Bakterien mit speziell dafür entwickelten Zellen im Rachenraum und im Darm wird das Immunsystem ausgebildet, und es wird durch diesen Kontakt lebenslang die Aktivität der Immunfunktion moduliert. Es ist folglich permanent entscheidend für unsere Gesundheit, mit wie vielen Bakterien und mit welchen wir in Kontakt gelangen.

Wie sich diese erste Ausbildung des Mikrobioms gestaltet, entscheidet darüber, ob man sich im Laufe des Lebens Fremdes zu eigen machen kann, also beispielsweise Nahrung gesund verdauen wird, oder ob Unverträglichkeiten, Allergien oder andere Erkrankungen entstehen. Sorgt man bei Neugeborenen in den Wochen, in denen das Immunsystem seine erste Prägung erfährt, bewusst für eine gesunde Bakterienversorgung, bewahrt man sie nachweislich vor späteren Krankheiten.

Es gibt im Darm unterschiedlich lang verweilende Einzeller, beispielsweise solche, die direkt den Epithelzellen aufliegen, meistens als Dauerbewohner, andere, die oberhalb davon leben als mittelfristige Gesellschaft, die sich mit veränderten Essgewohnheiten oder Aufenthalt in einer anderen Region ändern, und kurzfristig mit dem Speisebrei hindurchziehende Passagiere. Dabei bestimmt die Art der Nahrung über die Zusammensetzung der Mikroorganismengesellschaft im Darm, und eine Änderung der Diät verändert auch diese innerhalb kürzester Zeit.

Je stabiler die längerfristige Mikrobenbesiedlung ist, desto besser verkraftet ein Organismus eine plötzliche Aufnahme von Mikroben, die nicht zum Verdauungssystem passen. Sie wandern dann einfach durch den Verdauungstrakt hindurch und werden wieder ausgeschieden. Ob beispielsweise jemand erkrankt oder nicht, wenn er verdorbene Speisen zu sich genommen oder durch Unrat oder im Ausland Kontakt mit fremden Bakterien hat, hängt von der vorhandenen Darmbesiedlung ab. Treffen solche Mikroorganismen auf eine üppige und harmonische Vielfalt, geschieht nicht viel. Ist die vorhandene Mikrobengemeinschaft jedoch einseitig, strapaziert oder zu schwach, reagieren die Zellen heftig, und es kommt als Reaktion beispielsweise zu Durchfall.

Was immer der Körper erlebt, bestimmt die persönliche Bakterienbesiedlung mit. Innerlich sind dies die Art der Ernährung – auch ihr Gehalt an Giften sowie chemisch-synthetischen Stoffen und bakterientötenden Mitteln – und die Auswirkungen inhalierter Substanzen wie Nikotinprodukte. Äußerlich haben Körperpflegemittel, Kosmetika, Parfums sowie Wärme-, Kälte- und Lichtexposition und jeglicher Kontakt zur Umwelt einen Einfluss auf die Bakterien des Mikrobioms.

Bei vielen Erkrankungen ist inzwischen ein Bezug zur Mikrobenbesiedlung nachgewiesen, und sie lassen sich folglich durch den praktischen Einsatz von Mikroben auch heilen.
Eine dauerhaft vielfältige Gegenwart von Mikroorganismen wie auch deren Möglichkeit, auf veränderte Umstände mit Veränderungen zu reagieren, und ihre gute Kommunikation mit Mikroben der Umgebung sind Eigenschaften eines gesunden Mikrobioms. Sie sind der Schutz auf jeder Haut und immerfort für die Aufrechterhaltung des Gleichgewichts tätig. Die menschliche Gesundheit ist also jederzeit innig mit der Zusammensetzung der Bakterienbesiedlung verbunden.
Die Bakterien, die wir schlucken und mit denen wir in Kontakt kommen, fördern oder stören sie. Hautgesundheit hängt dabei auch von der inneren Mikrobenbesiedlung ab. Entsprechend dem vollständigen inneren und äußeren Miteinander des Menschen mit Mikroorganismen können EM sowohl äußerlich aufgetragen als auch innerlich oder in der Umgebung verteilt positive Wirkungen zeigen.

8. ERFAHRUNGEN MIT EM

Als Lebewesen gehen Effektive Mikroorganismen in Beziehung zu allem Leben, auch zu demjenigen, der sie anwendet. Da ihre Anwendung in Bezug zu der jeweiligen Situation und die Wirkung naturgemäß von Mensch zu Mensch verschieden sein kann, ist die persönliche Erfahrung mit EM sehr wichtig.

Man fängt am besten im Kleinen an, EM auszuprobieren, bei irgendeinem überschaubaren Problem, das mit Mikroorganismen zu tun hat. So begann ein Herr mit einer Augenentzündung, das Augenlid regelmäßig behutsam mit verdünnten EM zu bestreichen.

Die Entzündung war am nächsten Tag verschwunden. Eine Frau sprühte die Armaturen im Bad mit verdünnten EM ein und erlebte, dass sich daraufhin Kalkflecken mühelos abwischen ließen. Jemand anders putzte die Fenster mit EM, die daraufhin schlierenfrei klar wurden. Bei einer Dame hatte die Katze während der Rückfahrt vom Tierarzt im Auto auf Sitz und Gurt gepinkelt, und nichts half, den Gestank zu beseitigen, bis sie EM anwandte und der Geruch vollständig verschwand. EM zum Futter gegeben verbesserte Verdauung und Fell von Pferd, Katze, Vogel oder Hund. Auf einen hellen Teppich war einem Herrn schwarze Druckerfarbe getropft, und kein übliches Mittel hatte geholfen, sie zu entfernen, doch EM ließen sie rasch verblassen.

Mit der Zeit werden die EM zu einem ständigen Begleiter im Haushalt, und man gewinnt Vertrauen in ihr Wirken. Dabei gibt es Erfolge, die zunächst wunderbar erscheinen mögen. Dies liegt daran, dass wir über Mikroorganismen in Wirklichkeit bisher sehr wenig wissen.

Vor einigen Jahren wurde ich noch ausgelacht, als ich berichtete, dass bei Menschen, die EM zum Essen schluckten, psychische Probleme, Angst oder Depressionen verschwanden, das Konzentrationsvermögen zunahm, die Schlafqualität sich verbesserte und Ehekonflikte gelöst wurden. Inzwischen haben Forscher festgestellt, dass von Bakterien, die im Darm leben, Neurotransmitter ins Blut abgegeben werden, also Botenstoffe, die für die Informationsübertragung von Nerven zuständig sind und Einfluss auf den Gehirnstoffwechsel haben. Darunter sind Serotonin, das unter anderem den Blutdruck reguliert, für die Blutgerinnung zuständig ist und im Gehirn Wahrnehmungen, Schmerzen und Stimmungen steuert, Noradrenalin, das ähnlich wie Adrenalin als Hormon wirkt und den Kreislauf anregt, sowie Dopamin, das als »Glückshormon« bezeichnet wird, weil es Motivation und Lebensantrieb ermöglicht. Unsere Darmbakterien und wahrscheinlich alle Mikroorganismen unseres

Körpers sind somit auch an der Gestaltung unseres Geistes- und Seelenlebens beteiligt.
Es sind also alle Erfahrungen mit EM erlaubt, auch wenn der wissenschaftliche Nachweis ihrer Wirkung erst später erfolgt. Viele Studienergebnisse beweisen inzwischen bereits die grundsätzliche Wirkung der EM in Zahlen und Fakten.
Die Hilfe der Effektiven Mikroorganismen ist für viele positive Überraschungen gut, und mit jeder schönen Erfahrung mit EM wächst die Freude an ihnen und auch die Begeisterung, mit der man dann gern zukünftig auch zur Heilung in der Umgebung beiträgt. Auf diese Weise wurden weltweit bereits unzählige Projekte initiiert.
In einer Schule, deren Böden mit EM geputzt wurden, erkrankten danach signifikant weniger Kinder an den üblichen Infektionskrankheiten.
Am Kaiserstuhl gründete ein engagierter Herr einen Verein, der sich der Sanierung alter Kastanien mit EM widmete, die durch den Befall mit Miniermotten geschwächt waren. Gemeinsam wurde das kranke Laub mit EM zu Bokashimiete (s. Kap. 22) angesetzt und auf bestimmte Weise zur Stärkung der Wurzelaktivität im Frühjahr wieder unter die Bäume verteilt. Die Bäume wurden wieder gesund. Ganze Baumalleen wurden bereits mit Hilfe der EM vor dem Fällen gerettet.
An vielen Orten gelang es, Schwimmteiche, Parkanlagen und Brunnen mit EM zu sanieren. EM wurden über stinkenden Müll, in Ställen oder mit Gülle versprüht und neutralisierten den Gestank.
Nach Überschwemmungen und anderen Katastrophen konnten dank EM bereits in vielen Ländern weltweit vergiftete Böden, verseuchte Brunnen und Gewässer, stinkende Häuser und ganze Orte saniert werden, darunter nach dem Tsunami in Thailand 2004 und dem Erdbeben in Haiti 2010, wo EM jeweils auch den Verwesungsgeruch neutralisierte und Seuchen vorzubeugen half.

Für den Einstieg mit EM hilft es, auf die Erfahrung anderer zurückzugreifen. Dazu dienen die im Praxisteil beschriebenen Dosierungen. Später wird man ein eigenes Gefühl dafür entwickeln, wann, wo und wie viele EM man in welcher Situation einsetzen will.

9. DIE GESCHICHTE DER EM

Die Idee zur Mikroorganismenmischung EM stammt aus der Zeit vor über dreißig Jahren von Menschen auf der zwischen Taiwan und Japan liegenden japanischen Insel Okinawa.

Okinawa wird einerseits »Insel des Todes« genannt, weil dort eine der schlimmsten Schlachten der Weltkriege stattfand. Gleichzeitig nennt man Okinawa »Insel der Hundertjährigen«, denn die Lebenserwartung der dort traditionell lebenden Menschen ist die höchste der Welt. In diesem Spannungsfeld zwischen Leben und Tod wurden die Effektiven Mikroorganismen entdeckt.
Wer die EM entdeckt hat, ist nicht genau bekannt, es gibt dazu widersprüchliche Angaben. Die Ursprünge der EM zu kennen ist für ihre Anwendung aber weder nötig noch hilfreich.
Zum Kreis derer, die die EM zur Verwirklichung gebracht haben, gehörten Mitarbeiter der Firma Sanko Sangyo als Entwickler, der Ackerbauprofessor Teruo Higa, der dabei mitarbeitete, und die ökologisch-spirituelle Landbauernvereinigung Sekai Kyusei Kyo (»Religion zur Rettung der Welt«), auf deren landwirtschaftlichen Kongressen EM durch Vorträge, unter anderem von Professor Higa, weltweit bekannt gemacht wurden, zum Beispiel 1995 in Paris.
EM sind inzwischen in fast allen Ländern der Welt bekannt und werden in einigen – als Erste waren es Thailand und Costa Rica – in Schulen und Hochschulen unterrichtet, von der Regierung empfoh-

len und eingesetzt. Es war und ist immer die Initiative einzelner begeisterter Menschen, die Wissen, Erfahrungen und praktischen Einsatz der EM fördern und weitertragen.
Die Rezeptur der EM war in Japan lange geheim geblieben, und die EM wurden anfangs von dort importiert. Mit zunehmendem Umfang der Anwendung verlegte sich mit der Information über EM auch die Produktion in die einzelnen Länder, wo heute jeweils mehrere Hersteller EM unter verschiedenen Handelsbezeichnungen anbieten. EM sind als Mikrobenmischung, die sich aus jahrmilliardenalten Stämmen von winzigen Lebewesen zusammensetzt, naturgemäß nicht geeignet als Objekt für Patente. Die Bezeichnung ist gleichwohl nicht schützbar und so tummeln sich unter »Effektive Mikroorganismen« auch Firmenprodukte, die tatsächlich in ihrer Wirkung keine »EM« sind (siehe Kapitel 19).

10. DIE ZUSAMMENSETZUNG DER EM

Effektive Mikroorganismen sind eine Mischung aus Milchsäurebakterienstämmen, Hefen, Actinomyceten und Photosynthesebakterien.

Einzelne Mikrobenstämme haben jeweils eigene Fähigkeiten, ihre Wirksamkeit in den EM erwächst jedoch aus ihrem Zusammenwirken, da sich ihre Stoffwechseleigenschaften vollkommen ergänzen. Die Photosynthesebakterien sind entscheidend für viele Wirkungen der EM. Sie sind dabei aber auf ein Miteinander angewiesen, auf ein sich einander ergänzendes Team. So schaffen sauerstoffliebende Mikroorganismen wie die Hefen den Photosynthesebakterien ein an Sauerstoff armes Milieu, in dem diese ihre Enzymaktivität entfalten können.

EM sind natürliche Mikroorganismen und enthalten keine gentechnisch veränderten Stämme.
Wesentlich für die Wirksamkeit der EM sind die *Photosynthesebakterien.* Die in den EM enthaltene Gattung *Rhodopseudomonas* gehört zu den erdgeschichtlich alten Bakterienstämmen und ist imstande, Fette, organische Säuren, Aminosäuren, Zucker, Alkohole und sogar aromatische Verbindungen wie Benzolderivate zu verdauen. Mit dem durch sie gebildeten Enzym Nitrogenase können sie Stickstoffgase zu Ammonium und weiter in organische Verbindungen umwandeln und selbst Gifte wie Cyanid (Blausäure) unwirksam machen.
Sie können dadurch helfen, die durch die Verbrennung dieser fossilen Rohstoffe entstandene Luftverschmutzung auszugleichen und die Atmosphäre wieder zu reinigen bzw. zu klären. Dazu benötigen die Photosynthesebakterien ein anaerobes, also sauerstoffarmes Milieu, das in den EM die Hefen bereitstellen.
Die *Hefepilze, Saccharomyces cerevisiae,* sind als Back- oder Bierhefe allgemein bekannt und werden bereits seit Jahrtausenden in der Speisenzubereitung genutzt. Sie können bei Anwesenheit von Sauerstoff unter Bildung von Kohlendioxid atmen, bei fehlendem Sauerstoff Zucker zu Alkohol vergären. Durch diese Flexibilität bleiben die EM stabil.
Milchsäurebakterien prägen den sauren Charakter der EM. Sie werden ebenfalls bereits seit Jahrtausenden für die Konservierung und Fermentation von Lebensmitteln eingesetzt. Ein milchsaures Milieu hemmt das Wachstum von Fäulnisbakterien und Schimmelpilzen. Milchsäurebakterien säuern Milch zu Joghurt, Gemüse zu Sauerkraut, Gras zu Silage und Fruchtsaft zu gegorenen Getränken. Sie sind Schutz und Mittler unter anderem auf Schleimhäuten und bilden Enzyme, die für den Stoffwechsel und die Körpersäfte, Speichel, Schweiß und Blut bedeutsam sind. Milchsäure ist häufig eine Zutat in Flüssigseifen und Geschirrspülmitteln.

Milchsäurebakterien wachsen anaerob, vertragen jedoch auch die Gegenwart von Sauerstoff. Sie sorgen ebenso dafür, dass die EM lagerfähig sind.
Die Herstellung der handelsüblichen EM erfolgt in einem mehrstufigen Prozess. Zunächst werden einzelne Gruppen von Mikroorganismenstämmen in sich kultiviert, diese werden dann so nacheinander zusammengeführt, dass im Verlauf eines etwa vier- bis fünfwöchigen Prozesses die EM-Stammlösung entsteht.
Die Vermehrung der in EM enthaltenen Stämme erfolgt meistens mit Zuckerrohrmelasse, welche die braune Färbung bedingt, und Wasser. Sonderprodukte mit EM können eine andere Zusammensetzung haben (siehe Kapitel 19).
Die Dichte an Mikroben in flüssiger Lösung wird mit KbE angegeben. Diese Abkürzung steht für »Koloniebildende Einheiten« und bezeichnet die Menge von Bakterien in einem Substrat, gemessen an standardisiertem Ausgangsmaterial.
Die EM-Stammlösung fällt rechtlich unter das Düngemittelgesetz, und ihr In-Verkehr-Bringen unterliegt der Düngemittelverordnung.

11. WIE WIRKEN EM?

EM geben einen Impuls in das Milieu und bewirken eine Belebung. Diese führt zu einer Unterstützung und Aktivierung der vorhandenen Mikroorganismen und zur Umwandlung eines gestörten Lebensraums zum Gesunden hin.

Die Wirkung der EM wird durch eine bakterienfreundliche Milieupflege unterstützt. Beim Einsatz der EM geschieht erfahrungsgemäß Folgendes:

- Ein mikrobiell verarmtes Milieu wird wieder mit einer Vielfalt von Mikroben besiedelt.
- Sie geben durch Kommunikation mit den vorhandenen Mikroorganismen einen Impuls zur Selbstregulation im Sinne einer »friedlichen Koexistenz« untereinander und mit der Umgebung.
- EM unterstützen vorhandene Mikroorganismen darin, blockierte Kreisläufe wieder in Fluss zu bringen.
- EM stimmen ein Milieu zu lebensfördernder Wirksamkeit um.
- Es verändern sich Stoffwechselprozesse.
- Materie wird unter Bildung von Nährsubstraten umgesetzt.
- Dabei entstehende Substanzen wirken antioxidativ.
- Es kommt zu Reinigung, Klärung und einem höheren Energieniveau.
- Feinstoffliche Schwingungen ermöglichen eine mikrobenfreundliche Harmonisierung.
- Es erfolgt die Umstimmung eines degenerativen in ein regeneratives Milieu, so dass pathogene Prozesse in eine gesunde Bakterien-Pilz-Besiedlung verwandelt werden.
- Es kommt zur Heilung.

Wie sie dies anstellen, ist bislang unerforscht. Im Einzelnen werden dabei jedoch folgende Prinzipien beobachtet:

- *EM wirken im mikrobiellen Miteinander,* ihre Wirkung übersteigt die im Labor festgestellten Wirkungen der in ihnen enthaltenen Einzelstämme.
- *EM geben einen Impuls in die Mikroorganismengemeinschaft vor Ort.* Sie übertragen die ihnen innewohnende »friedliche Koexistenz« auf die dort lebende Mikrobengesellschaft. Dies geschieht durch ein sogenanntes Dominanzprinzip, das drei Gruppen von Mikroorganismen kennt:
  – aufbauende, regenerative Mikroorganismen, die Substanzen in

energiereichere Verbindungen verstoffwechseln und Leben fördern;
- abbauende, degenerative Mikroorganismen, deren Stoffwechsel unter Fäulnis verläuft, so dass deren Ausscheidungsprodukte Leben hemmen (dies äußert sich durch unangenehme Gerüche, Gifte, Verderbnis und Ähnliches und hat Krankheit zur Folge);
- multipotente Mikroorganismen, die die jeweils dominierende Stoffwechseltendenz unterstützen (die Mehrzahl der Mikroorganismen zählt zu diesen Arten).

Indem EM dominant regenerativ wirken, können sie multipotente Mikroorganismen in einem überforderten Milieu zur Regeneration anregen und somit das Geschehen insgesamt umstimmen. Praktisch bedeutet dies: Wo degenerativ tätige Mikroben dominieren, also bei Fäulnis, Schimmel, Gestank oder Verderbnis, müssen mehr dominant regenerativ tätige Mikroorganismen zugefügt werden, als dominant degenerativ tätige Mikroben vorhanden sind. Daraufhin werden die multipotenten Stämme sich umstellen, so dass die Mikrobengemeinschaft insgesamt im Sinne einer Regeneration tätig wird. Es ist also für eine Wandlung erforderlich, dass eine regenerative Dominanz hergestellt wird. Dies nennt man das »Dominanzprinzip«.

Wenn eine erwünschte Wirkung nach einer EM-Anwendung nicht eintritt, obwohl die Grundsätze der Anwendung berücksichtigt worden sind, ist die Wahrscheinlichkeit groß, dass die Dosierung zu niedrig angesetzt war und man sie dann besser steigert, bis die Wirkung eintritt.

- *EM schließen organisches Material auf und wandeln es in energiereichere Verbindungen um.* Man nennt dies »Fermentation«. Die dabei gebildeten bzw. frei werdenden Stoffe wie Zucker- und Eiweißverbindungen, Enzyme, Spurenelemente, Vitamine und andere bioaktive Substanzen dienen dem Aufbau des Lebens.
- *EM wirken antioxidativ.* Der Einsatz der EM ist vorzugsweise an-

aerob, also unter weitgehender Sauerstoffarmut. Die dabei entstehenden Stoffwechselprodukte haben eine antioxidative Kapazität, das heißt, dass sie imstande sind, Oxidation zu neutralisieren. Unter Oxidation versteht man eine chemische Reaktion, bei der ein Atom, Ion oder Molekül Elektronen abgibt. Dies geschieht beispielsweise durch Kontakt von Stoffen mit Sauerstoff und führt meist zu Auflösungserscheinungen: Metall rostet, Holz wird brüchig, Stein zersetzt sich, organisches Material fault. Bei Pflanzen, Tieren und Menschen können oxidativ entstehende sogenannte freie Radikale Zellwände schädigen und Zellstoffwechsel beeinträchtigen. Der Einsatz von Effektiven Mikroorganismen kann solche Zersetzungsprozesse zum Stillstand bringen bzw. umkehren.

- *EM gehen in Kontakt mit lebendigen Zellen vor Ort.* Welche Impulse sie dabei geben, ist noch unerforscht. Aus wissenschaftlichen Untersuchungen ist bekannt, dass Einzeller in Zellen von Lebewesen aufgenommen werden und dabei Wirkungen entfalten. Beispielsweise befähigten Milchsäurebakterien, die in menschliche Hautzellen eingeführt wurden, diese zur Ausprägung von Genen, die der Selbsterneuerung dienen. Offensichtlich vermögen Einzeller Körperzellen in der Regulation ihrer Stoffwechselaktivität zu unterstützen, so dass erst ein Miteinander zur vollen Entfaltung gesunder Lebendigkeit führt. Es besteht dabei keinerlei Gefahr für eine Überfremdung eines Lebensraums, vielmehr geben sie einen lebensfördernden Impuls in das vorhandene Mikrobiom.

12. GRUNDSÄTZE DER EM-ANWENDUNG

Effektive Mikroorganismen sind kleinste Lebewesen und haben unsere Wertschätzung, Dankbarkeit und achtsame Zuneigung verdient. Weil sie ins Lebendige eingebracht werden, in saurer Lösung vorliegen, probiotisch sind, mit allen Zellen kommunizieren, eine braune Farbe haben, mit anderen Mikroorganismen zusammenwirken und organisches Material verdauen, sind bei ihrer Anwendung einige Grundsätze zu beachten:

- Da EM kommunizieren, ist die innere Einstellung des Anwenders zu den Mikroben wichtig. *Eine liebevolle Haltung ihnen gegenüber vergrößert auch unsere eigene Freude im Miteinander mit den EM.*
- EM helfen, Probleme zu lösen. *Wo keine Probleme vorhanden* und Boden, Pflanzen und Tiere und der Lebensraum in optimaler Gesundheit *sind, braucht man keine EM.* Ohne Eingriffe durch die fehlgeleitete Kultur des Menschen ist die Natur aus sich selbst heraus schöpferisch, selbstregulierend und gesund.
- *Man kann eine gestörte Situation meist auf mehreren Wegen verändern:* durch die Veränderung der mikrobiellen Besiedlung, Optimierung deren Lebensbedingungen oder durch Änderung des Milieus. *Am besten tut man alles gleichzeitig.* Mit dem Einsatz der Effektiven Mikroorganismen sorgt man daher auch für ein passendes Milieu.
- EM wirken im Kreislauf des Lebendigen und sind in jedem seiner Bereiche anwendbar. Grundlage der Anwendung ist der Boden. *Bringt man EM in den Boden ein, muss man Sorge für seine Ernährung tragen.* Wenn der Boden zwar reich an Mikroorganismen ist, jedoch Nährsubstrat fehlt, können Sie das Erdreich nicht für

Pflanzen verfügbar machen. Generell bringt man daher EM vorzugsweise zusammen mit organischem Material aus, beispielsweise mit Mulchschnitt, Mist, Kompost oder Bokashi (s. Kap. 22). Und man gräbt oder pflügt den Boden im Garten, wenn man EM gibt, möglichst nicht um, weil dadurch die natürliche Schichtung der Mikroorganismen im Boden jedes Mal gestört wird, wodurch dieser seine lebendige Funktion bis zur Wiederherstellung nicht vollständig erfüllen kann.

- *EM setzen organische Substanz um, wo auch immer sie ist.* Was bei der Beseitigung von Flecken auf dem Teppich erfreulich sein kann, kann zu unerwünschten Überraschungen führen, wenn beispielsweise organischer Kleber mit EM-Lösung vermischt eine Zeit nach der Anwendung plötzlich nicht mehr klebt. Auch wenn Saatgut zwecks besserer Keimungsrate in EM gebeizt wird, ist eine kurze Einwirkzeit gefragt, damit die kostbaren Körner nicht angedaut werden und dadurch die Keimfähigkeit verlieren.
- *EM sind lebende Mikroorganismen, also ein Probiotikum. Es ist kontraproduktiv, sie mit antimikrobiellen Maßnahmen zu kombinieren.* Um einen mikrobiell gestörten Lebensraum zu sanieren, braucht man keine Kleinstlebewesen zu töten. Gibt man mit EM einen regenerativen Impuls, so sind alle Mikroorganismen gemeinsam imstande, ein gesundes Miteinander im Kreislauf des Lebendigen wieder einzurichten. Seine Füße zur Fußpilzsanierung mit EM einzusprühen und gleichzeitig antimikrobiell imprägnierte Socken zu tragen ist daher unsinnig. Ist ein Textil, eine Verpackung, ein Gebrauchsartikel mit dem Etikett »antimikrobiell« versehen, wurde es meistens mit winzigen Silberpartikeln präpariert. Nanosilber wird wegen der Blockade enzymvermittelter Stoffwechselschritte bei Einzellern und der Gefahr seiner Übertritte in feine Gewebe als gesundheitsschädlich betrachtet und verträgt sich nicht mit EM. Das Einmischen antimikrobiell wirkender Duftöle in EM zum Putzen ist ebenfalls kontraproduktiv.

Eine gleichzeitige Einnahme von medikamentösen Antibiotika und EM ist erfahrungsgemäß hingegen möglich. Es zeigte sich, dass Antibiotika wirkten, die Nebenwirkungen hingegen ausblieben.

- *Da EM vorzugsweise im sauren Milieu wirken, können sie keinen Erfolg zeigen, wo der pH-Wert weit über das Neutrale hinausgeht.* Daher muss bei jeder Teichsanierung zunächst der pH-Wert in den fast neutralen Bereich gesenkt werden. Auch ein Meerwasseraquarium ist ein alkalisches Milieu, wo EM-Lösung nicht wirkt, weshalb man darin stattdessen mit EM-Keramik (s. Kap. 21) arbeitet. Meerwasser selbst wird saniert, indem man den zuführenden Flüssen EM beigibt.
- *EM haben eine braune Färbung,* die von der Melasse stammt. Wo diese Färbung von hellen Materialien wie Textilien, Tapete oder Fugen angenommen wird, hinterlassen konzentrierte EM Flecken. Dies sollte man vorher ausprobieren, und daher ist dort eine ausreichende Verdünnung wichtig.

13. HANDHABUNG

EM sind sauerstoff-, temperatur-, druck- und UV-Licht-empfindlich und sensibel gegenüber elektromagnetischen Feldern.

EM gedeihen am besten in sauerstoffarmem Milieu. Daher bewahrt man sie möglichst in randvoll gefüllten Gefäßen auf. Wegen ihrer Fähigkeit, bei Gärung Gase zu bilden, werden EM in der Regel in Kunststoffflaschen gehandelt. Nach der Entnahme drückt man die Flasche am besten so weit zusammen, dass der Flüssigkeitsspiegel wieder bis an den Verschluss steigt, und dreht diesen anschließend fest zu.

Auch bei der Vermehrung von EM zu EMa (s. Kap. 18) sollte das Vermehrungsgefäß randvoll gefüllt sein. Beim Kontakt mit Luft an der Oberfläche verschiebt sich sonst nach einer Weile die innere Zusammensetzung der EM zugunsten der Hefen, was die Haltbarkeit verkürzt.

Fermentiert man mit EM organisches Material, ist dabei ebenfalls darauf zu achten, dass sich so wenig Luft wie möglich dazwischen befindet. Man zerkleinert das Material, so gut es geht, und verdichtet es optimal. Bleiben Lufträume bestehen, können sich dort aerobe Mikroorganismen ansiedeln, die die Enzymbildung, die Säureentwicklung und dadurch die Fermentation verhindern sowie den Energieaufbau und die Konservierung mindern. Stattdessen können sich dort Schimmelpilze vermehren. Zur Anschauung kann man sich das Prinzip von Sauerkrautbildung vor Augen halten.

Mit EM wird organisches Material also grundsätzlich anaerob verarbeitet. Das bedeutet allerdings nicht, dass EM nicht an der Luft angewendet werden.

Mikroorganismen reagieren empfindlich auf direkte Sonneneinstrahlung. UV-Licht ist grundsätzlich imstande, Membranstrukturen lebender Zellen zu schädigen, also auch die Zellmembranen von den in EM lebenden Einzellern. Daher werden EM nicht bei direkter Sonneneinstrahlung eingesetzt.

Für eine Wirkung im Erdboden, also in Garten und Landwirtschaft, bringt man EM am günstigsten entweder direkt vor Beginn eines Regens aus oder währenddessen, in jedem Fall jedoch bei bedecktem Himmel. In sommerlichen Trockenzeiten können EM am Abend oder morgens ganz früh ausgebracht werden, damit sie mit dem Tau in den Boden gelangen, oder man arbeitet sie zusammen mit organischem Material in die oberste Bodenschicht oberflächlich ein. Dasselbe gilt für mit EM fermentiertes organisches Material, also Bokashi (s. S. 68 ff.). Hat man beispielsweise beim Auftragen auf verdichtete Baumscheiben keine Möglichkeit, es in den Boden einzuarbeiten, bedeckt man es zusätzlich, zum Beispiel mit Grasschnitt.

EM sind temperaturempfindlich. In flüssiger Lösung sterben EM bei unter 6 und über 30 °C bald ab (s. S. 46 f.). Sind sie, wie bei der Vermehrung zu EMa, mit Wärme und Melasse versorgt, leben sie bis 40 °C. Plötzliche große Temperaturdifferenzen schaden ihnen. Im lebendigen Zusammenhang von Boden, Gewässer oder Lebewesen hingegen können Mikroorganismen sich in den Zustand von Dauerformen begeben, in denen sie nahezu beliebige Umstände überstehen können.

EM sind druckempfindlich. Wenn sie bei mehr als 3 bar durch eine Düse gepresst werden, stirbt ein Teil von ihnen ab. Daher werden keine Hochdruck-, sondern Niederdruckgeräte eingesetzt, wenn eine Reinigung mit EM erforderlich ist.

EM reagieren empfindlich auf elektromagnetische Felder. Man sollte sie daher von starken Stromquellen, Magnetfeldern und Strahlungseinflüssen fernhalten. Praktisch bedeutet dies, dass man bei der Aufbewahrung und der Vermehrung von EM auf den Ort achten und zu Starkstromkabeln, Sicherungskästen, WLAN-Routern und Ähnlichem weitestmöglichen Abstand einhalten muss.

EM sind lebendig. In einer liebevollen Umgebung gedeihen, in liebloser hingegen kümmern sie. EM sind keine Sache, kein Wunder-, Putz- oder Düngemittel, Energiesparmedium oder Mittel zur Gewinnmaximierung. Sie sind nicht »das EM«.

An ihnen spiegelt der Mensch, der EM anwendet, seinen Charakter, da seine Haltung ihnen gegenüber zur freien Wahl steht: Er kann sich ihrer Fähigkeiten aus reinem Eigennutz bedienen, im schlimmsten Fall aus Gier und Machtstreben, oder er kann in Dankbarkeit mit ihnen zusammen im Dienste einer gesunden und friedlichen Erde tätig sein.

14. DOSIERUNG

Die Menge der EM, die man in einen Lebensraum einbringen sollte, ist abhängig von der Beschaffenheit des Ortes und dem Bedarf. Dieser ist am Umfang der Störung, am Ausmaß von Mangel, Fäulnis, Gift, unerwünschter Zersetzung oder Krankheit abzulesen.

Um ein sanierungsbedürftiges Milieu umstimmen zu können, müssen EM in ausreichender Menge eingesetzt werden. Mehr EM bewirken mehr und eine schneller wahrnehmbare Veränderung. Je mehr Fäulnis vorhanden ist, umso mehr EM werden benötigt, um eine regenerative Dominanz zu erreichen und das Milieu umzustimmen.

Im Lebendigen mit all seiner Vielfalt kann es naturgemäß weder bestimmte Anwendungsschemata noch starre Dosierungen geben. Jeder Ort, jeder Boden, jedes Lebewesen, jedes Gewässer ist ein eigener Organismus in seinem Umfeld, und es bedarf unseres Einfühlungsvermögens, um zu entscheiden, ob und wie viele EM angemessen sind. Dass die Dosierungen von den Umständen abhängen, mag jedoch zunächst verunsichern. Daher sind im Praxisteil für die jeweiligen Anwendungen Dosierungen angegeben, die sich über viele Jahre bewährt haben.

Von diesen vorgeschlagenen Dosierungen können Sie natürlich nach Bedarf abweichen, und im Umgang mit EM ist Kreativität erlaubt. Mit der Zeit gewinnen Sie Erfahrung und Vertrauen in die eigene Intuition in Beziehung zu den EM und finden dann ohne Anleitung die jeweils passende Menge.

Die Dosierung der EM nimmt bei einem größeren Ausbringungsraum nicht linear zu, sondern: Je größer das Gebiet ist, in dem sie angewendet werden, desto weniger EM werden unter denselben Ausgangsbedingungen anteilig benötigt. Das liegt daran, dass eine

Art energetisches Feld entsteht, in dem die vorhandenen EM sich bei größerem Areal gegenseitig mehr unterstützen können. Ein kleiner Gartenteich erhält also mehr EM oder EM-Keramik je 1 l Wasservolumen als ein großes Naturschwimmbad.
Für die *Erstanwendung* gibt es abhängig vom Zielort verschiedene Einstiegsweisen:

- Bei der Sanierung äußerer Lebensräume in Boden und Pflanze, der Gewässersanierung und so weiter ist es wichtig, das Dominanzprinzip zu berücksichtigen, also gleich mit einer ausreichend großen Menge zu beginnen. Spätere Gaben zur Fortführung können dann meist mit kleinerer Menge erfolgen.
- Bei der Gabe für Mensch und Tier, die ja ein Immunsystem besitzen, ist für die innere Einnahme ein behutsames Vorgehen erforderlich. Man beginnt mit kleinen Mengen und steigert diese langsam unter Beachtung von angenehmen oder unangenehmen Reaktionen auf die Menge, welche Wirkung zeigt, und gibt diese dann langfristig und regelmäßig weiter.
- Fügt man EM Baumaterialien oder bei der Energiegewinnung zu, wählt man gleich die passende Dosierung für die jeweiligen Umstände aus (s. Kap. 36 und Kap. 37).

Möchte man in einem äußeren Lebensraum eine Umstimmung mit Hilfe der EM bewirken, reichen häufige kleine Gaben also nicht aus, um eine Dominanz im Milieu herzustellen. Eine eingangs nicht erfolgte Dominanz kann daher eine Unwirksamkeit der EM vortäuschen.
Wichtig ist es, EM im Lebendigen regelmäßig zu geben und nicht nur gelegentlich. Die Abstände sind im Praxisteil vorgeschlagen. Da es manchmal dauert, bis die EM ein gestörtes Milieu vollständig umgestimmt haben, ist gelegentlich Geduld erforderlich. Wenn es scheinbar gar nicht klappt, hat man meistens bei der Anwendung

etwas übersehen. Dann hilft beispielsweise der Blick eines Außenstehenden auf die Situation.
EM oder EMa: Da es in der Regel keinen Unterschied macht, ob für eine Anwendung die EM-Stammlösung oder vermehrte EMa (s. Kap. 18 und Kap. 28) genommen werden, verwende ich hier grundsätzlich »EM« als allgemeine Bezeichnung. Es liegt nahe, für die innerliche Anwendung bei Lebewesen die höchstmögliche Qualität der EM zu verwenden, also keine EMa. Bei großen Anwendungsmengen wird man aus wirtschaftlichen Gründen EMa einsetzen.
Da die Hersteller bei Sonderprodukten bisher nicht angeben, welche Mikrobendichte dem jeweiligen Produkt innewohnt, ist die Dosierung der jeweiligen Anleitung zu entnehmen. Die Dosisangaben im Praxisteil dieses Buches beziehen sich grundsätzlich auf die EM-Stammlösung und sind gegebenenfalls zu übertragen.
Die gesetzlichen Vorschriften müssen, wo erforderlich, beachtet werden.
Eine häufig gestellte Frage ist diejenige nach der Dosierung für die *innerliche Anwendung der EM beim Menschen.* Bewährt hat sich bei Gesunden, die etwas für ihre Verdauung tun wollen, der Einstieg mit täglich 3 Gaben von 3 Tropfen direkt mit dem Essen. Ab dem 4. Tag wird die Menge langsam alle paar Tage um wenige Tropfen gesteigert, bis eine individuell angemessene Dosis erreicht ist. Diese kann sehr verschieden sein, von einzelnen Tropfen bis zu mehrmals täglich 20 ml. Empfindliche oder kranke Menschen, insbesondere bei entzündlichen Darmerkrankungen, beginnen mit 1 Tropfen täglich zu einer Mahlzeit und steigern die Menge jede Woche beispielsweise um 1 bis 2 Tropfen.
Eine *Überdosierung* der EM liegt vor,

- wenn im Boden mehr organisches Material dadurch pflanzenverfügbar umgesetzt wird, als dem Erhalt der Bodenfruchtbarkeit guttut (gießt man also über mehrere Jahre reichlich mit EM auf einen Boden, in dem Nutzpflanzen stehen, und erntet große Mengen an Früchten, ohne ihn zugleich mit Ernterückständen oder Kompost zu »füttern«, wird sich die verfügbare organische Substanz im Boden verringern);

- wenn Tieren oder Menschen mit einer Schwäche des Immunsystems oder des Mikrobioms, also mit Hautausschlägen, Darmstörungen, Asthma, Unverträglichkeiten, Allergien oder Ähnlichem, plötzlich große Mengen von Mikroorganismen zugeführt werden, die das Immunsystem überfordern;
- wenn in einem Gewässer große Mengen EM pur ins Wasser gegeben werden und Fische und Pflanzen zu viel unverdünnte Milchsäure auf einmal abbekommen.

Zum *Abmessen* von EM können Maßgefäße aller Art verwendet werden. Um Milliliter-Mengen abzumessen, sind Einwegspritzen geeignet. Für Tropfen kann eine Glaspipettenflasche dienen, wie sie in Apotheken erhältlich ist. 20 Tropfen entsprechen etwa 1 ml. Zur Dosierung der EM-Keramik: s. Kap. 21. Alle Messgefäße sollten regelmäßig gründlich mit kochend heißem Wasser gespült werden. Jede Anwendung der EM trägt die Absicht des Anwenders mit sich. Wir geben offensichtlich mit den EM auch eine Dosis unverzichtbarer Energien in die Anwendung mit, die von den EM transportiert werden können.

15. VERDÜNNUNG

Von der Menge der eingesetzten EM ist ihre Verdünnung zu unterscheiden. EM liegen in saurer Lösung vor und werden daher fast immer verdünnt eingesetzt. Der Grad der Verdünnung richtet sich nach dem Ziel der Anwendung. Eine Standardverdünnung sind 20 ml EM auf 1 l Wasser. Das entspricht 2 Prozent oder dem Verhältnis 1 zu 50.

Im Boden ist das Maß der vorhandenen Feuchtigkeit ein Kriterium für die Verdünnung. Bringt man EM beispielsweise aus, während es regnet, kann man entsprechend weniger Wasser nehmen. Bei direktem Auftragen auf Pflanzen wählt man eine Verdünnung, die keinesfalls Spross, Blätter oder Blüten angreift. In Gewässern, wo das Wasser eine natürliche Verdünnung bieten kann, achtet man beim Einbringen der EM darauf, dass sie nicht durch zu starke Konzentration Fische, Pflanzen oder Kleinstlebewesen schädigen und rasch gut verteilt werden.
Alle kalkhaltigen Materialien können bei direktem Kontakt mit konzentrierten EM Auflösungserscheinungen zeigen. Dazu zählen auch Zähne. *Es ist schädlich, EM regelmäßig unverdünnt auf die Zahnbürste zu geben und die Zähne damit zu putzen.* Die Milchsäure löst auf die Dauer die Apatitkristalle aus dem Zahnschmelz heraus, was zu dessen Auflösung führen kann. Aus demselben Grund spritzt man Tieren keine unverdünnten EM ins Maul. Man verdünnt sie dafür. Die Verdünnung kann auch einfach einer gründlichen gleichmäßigen Verteilung der EM dienen.
Beim Reinigen mit EM achtet man aus dreierlei Gründen auf eine angemessene Verdünnung:

- Säureempfindliche Oberflächen, etwa von Metallen, Kunststoffen und Steinen, können leiden. EM pur aus einem Gefäß, das nicht trocken war, haben zum Beispiel Flecken auf einer Fensterbank aus Zinkblech hinterlassen.
- Die Standard-EM-Stammlösung wurde mit Melasse kultiviert und ist von brauner Färbung. Versprüht man sie unbedacht in Räumen, deren Wände oder Tische hell sind, können kleine braune Tupfen zurückbleiben.

- EM verstoffwechseln organisches Material, egal, worin sich dieses befinden mag. Dazu gehören auch Kleber aus Naturmaterialien, organischer Fensterkitt oder Fugenfüllungen. Zu konzentrierte Anwendung der EM beim Putzen eines Lampenschirms hat dazu geführt, dass die Klebenaht sich auflöste und der Schirm von der Lampe fiel. Hier hätte zur Reinigung ein leichtes Abwischen mit einem Lappen genügt, auf den verdünnte EM aufgetragen wurden.

Wenn Menschen, die unter multipler Chemikaliensensibilität leiden, Polstermöbel oder Teppiche mit EM von Rückständen chemischer Herstellungssubstanzen befreien wollen, geht es darum, eine besonders intensive Wirkung zu erzielen. Doch auch in solchen Fällen sollte man trotzdem eine übliche Verdünnung verwenden: Lieber wird die Anwendung notfalls mehrmals wiederholt, als dass man mit zu hoher Konzentration die Materialien schädigt.
Unverdünnt werden EM eingesetzt, wenn die saure Wirkung ausdrücklich erwünscht ist und zusätzliche Feuchtigkeit vermieden werden sollte:

- Das ist beim Sanieren von Schimmel der Fall, wo in der Regel bereits zu viel Feuchtigkeit vorhanden ist. Dass EM dabei eine braune Färbung mit sich bringen, spielt dabei meist keine Rolle mehr.
- Auch zum Entrosten von Metallen können konzentrierte EM unter Umständen eine bessere Wirkung zeigen.
- EM können pur zur Umsetzung von pflanzlichen Rohstoffen eingesetzt werden, sei es zur Silageherstellung, zur Fermentation von Sauergemüsen oder auch zur regenerativen Umwandlung organischer Abfälle zu Dünger.
- Auch in den Küchenbokashi-Eimer (s. Kap. 22) können konzentrierte EM eingeführt werden, wenn die Abfälle bereits feucht genug sind.

- Werden EM dem Futter oder der Nahrung beigegeben, so ist dies ebenfalls pur möglich. Sie werden mit den Lebensmitteln beim Kauen vermengt und mit dem Speisebrei in die Verdauungsorgane aufgenommen. Die Menge sollte allerdings gering genug sein, um die Zähne nicht konzentriert zu berühren (s. S. 44), was aber in der Regel ohnehin einer angemessenen Dosierung entspricht.

16. HALTBARKEIT

Die Haltbarkeit von EM ist abhängig von Lagerungstemperatur, Temperaturschwankungen, Luftzufuhr und Einflüssen wie elektromagnetischen Feldern. Wie lange die EM haltbar sind, lässt sich also nicht pauschal beziffern.

Die ungeöffnete Flasche ist, wenn sie kühl und dunkel gelagert wird, länger haltbar, als das Mindesthaltbarkeitsdatum angibt. Wird sie geöffnet, tritt Luft hinzu, deren Sauerstoff vorzugsweise die Hefen aktiviert, die sich als weißlicher Belag auf der Oberfläche sammeln. Um dem vorzubeugen, drückt man die Flasche nach jeder Entnahme so weit zusammen, dass der Flüssigkeitsspiegel wieder direkt unter dem Verschluss steht, und dreht diesen dann fest zu. Wenn der verbleibende Rest dafür zu gering geworden ist, füllt man ihn entweder in ein kleineres Gefäß um oder verbraucht ihn baldmöglichst.
Die empfohlene Lagertemperatur liegt zwischen 8 und 18 °C, am besten um die 14 °C; das heißt, sie werden nicht im Kühlschrank aufbewahrt, es sei denn, dieser hat ein entsprechend mildes Fach. Starke und plötzliche Temperaturschwankungen bedeuten Stress für die Mikroorganismen. Je stärker die Temperaturschwankungen sind, desto kürzer ist die Haltbarkeit.

Hat man keinen geeigneten Kellerraum oder Lagerort, kann man mit einem Thermometer prüfen, wo die Temperatur der gewünschten am nächsten kommt. Dies kann im Laufe des Jahres schwanken, es kann ein kühler Fußboden oder eine Fensterbank zur Nordseite sein. Je wärmer die Umgebung ist, desto rascher verändern die EM ihre Wirksamkeit. Bei Raumtemperaturen über 30 °C und im Sommerurlaub in südlichen Ländern kann man EM in feuchte Tücher wickeln oder in ein Wasserbad stellen, die Verdunstungskühle bewirken.
In der täglichen Anwendung hat es sich bewährt, die Menge an EM, die im Haushalt gebraucht wird, in handliche Fläschchen abzufüllen. Im Apothekenhandel gibt es geeignete Glasfläschchen mit Tropfpipetten oder Sprühkopfaufsatz. Wo die Raumtemperatur über einer optimalen Lagerungstemperatur liegt, ist deren Inhalt etwa eine Woche lang nutzbar, danach führt man den Rest einer anderen Verwendung zu, spült das Gefäß mit kochendem Wasser aus und befüllt es frisch. Auf diese Weise vermeidet man zu häufiges Öffnen der Originalflasche.
Grundsätzlich zu unterscheiden ist die Haltbarkeit der EM-Stammlösung von derjenigen der vermehrten EM, also der EMa. Während die EM-Stammlösung in einem mehrwöchigen Prozess erstellt wird, der eine Stabilisierung der enthaltenen Mikroorganismenmischung mit sich bringt, werden die EMa, die binnen 8 Tagen vermehrt wurden, durch die Zugabe von Wärme und Melasse zu einem Vermehrungsstoffwechsel angeregt (s. Kap. 18). Dieser verlangsamt sich zwar, sobald die vermehrten EMa kühl gestellt werden, kommt aber nicht zum Stillstand. Die verbleibende Melasse wird weiter verstoffwechselt, und nach kurzer Zeit fehlen Nährstoffe für weitere mikrobielle Aktivitäten. In Laboruntersuchungen wurde nach 2 Wochen ein Abfall der Mikrobendichte in EMa festgestellt, die nach etwa 3 Wochen dazu führt, dass die Wirkung der EMa nicht mehr gegeben ist. Vermehrte EM, also EMa, sollten deshalb stets binnen 2 bis 3 Wochen in den gewünschten Lebensraum ausgebracht werden.

Danach handelt es sich bei den EMa zwar immer noch um eine milchsaure Mikrobenmischung, sie besteht jedoch zunehmend bloß aus Milchsäurebakterien. Da diese den sauren pH-Wert bewirken und die braune Farbe aus der Melasse bestehen bleibt, ist die Wirksamkeit der EMa dann weder am Geschmack noch am pH-Wert ablesbar. Auch der Geruch ändert sich erst, wenn die Sauerstoffzufuhr eventuell vorhandene Hefen zur Aktivität bringt.
EMa scheinen also sehr lange haltbar zu sein, tatsächlich sind es dann aber keine EM mehr im eigentlichen Sinne. Man kann mit EMa, die älter als 2 bis 3 Wochen sind, anfangs noch dann Wirkungen erzielen, wenn man die Dosierung stark erhöht. Danach sind sie noch als allgemeine Mikrobenmischung einsetzbar, zum Beispiel dort, wo es bloß um einfache Reinigungsprozesse oder nur um die Anreicherung eines Ortes mit beliebigen Einzellern geht.
Kauft man EM ein, ist es daher immer wichtig, zu wissen, ob es sich um die EM-Stammlösung handelt oder nicht. Erwirbt man vermehrte EM, also EMa, sollte man den Hersteller immer nach dem Datum der Vermehrung fragen. Das Mindesthaltbarkeitsdatum gibt darüber nämlich keine Auskunft.

17. WORAN ERKENNT MAN, OB EM NOCH WIRKSAM SIND?

Die Qualitätskriterien für EM sind mikrobiologische Zusammensetzung, pH-Wert, Farbe, Geschmack und Geruch.

EM liegen in Form einer Mischkultur als braune, säuerlich riechende und schmeckende Lösung mit einem pH-Wert unter 3,5 vor. Im Alltag ist es natürlich am einfachsten, sich auf die eigene sinnliche Wahrnehmung zu verlassen. Dies geschieht erfahrungsgemäß am

leichtesten über den Geruch. Entscheidend für die Wirkung sind das Gleichgewicht der circa dreizehn in EM enthaltenen Mikrobenstämme sowie ihre Dichte pro Flüssigkeitsvolumen.
Das Aroma der EM wird sehr subjektiv eingeschätzt. Die einen erinnert es an »Omas leckeren Sauerkrautsaft«, die anderen an »scheußliche Gülle«. Dies hängt mit persönlichen Prägungen zusammen. Um kennenzulernen, wie sich der Geruch bei allmählicher Verschlechterung verändert, kann man eine kleine Menge EM in einem Gläschen in den Raum stellen und sie täglich beobachten. An der Oberfläche vermehren sich bald die sauerstoffliebenden Hefen in Form eines weißlichen Belags. Mit der Zeit verändert sich der milchsaure Geruch und wird zuletzt beißend unangenehm. Man erlebt auf diese Weise einmal die verschiedenen Phasen und kann später auf diese Erfahrung zurückgreifen.
Der pH-Wert lässt sich zuverlässig mit Hilfe von Messstreifen ermitteln, die im Medizinprodukte- und Aquarienhandel erhältlich sind. Die mikrobiologische Zusammensetzung hingegen ist nur mit Laborgeräten feststellbar. Neben mikroskopischer Betrachtung würde die Dichte der enthaltenen Mikrobenstämme bestimmt. Ihre Maßeinheit ist, wie gesagt, die KbE, die Koloniebildende Einheit.

18. EM ZU EMA VERMEHREN

EM lassen sich unter Zugabe von Wärme und Nährstoffen vermehren, wodurch der Preis pro Anwendung sinkt. Vermehrte EM werden »EMa« genannt.

Durch die Vermehrung erhält man etwa die 33-fache Menge EM für denselben Preis. Man kann die EM bei gleichem Budget dadurch wesentlich großzügiger zum Einsatz bringen.

Das Ansetzen von EMa ist einfach und erfordert keine besonderen Fähigkeiten. Die Benennung »EMa« mit dem Zusatz »a« für das englische *activated* (»aktiviert«) kann irritieren, weil sie zu dem Missverständnis Anlass gibt, EM müssten zur Anwendung zunächst angeregt werden. Das ist jedoch nicht der Fall.

Bei der Vermehrung wird zwar stets die Verdopplungstendenz von Mikroorganismen aktiviert. Der Stoffwechsel, der zur Vermehrung von Mikroben führt, ist jedoch nicht derselbe wie derjenige, der in ihrer Anwendung benötigt wird, beispielsweise zur Umwandlung von Substanzen. EM aktivieren sich selbständig jeweils dort, wo sie ausgebracht werden, auch wenn sie nicht vermehrt wurden. Man setzt also EM und EMa in gleicher Weise ein, Dosierungen, Verdünnung und Rezepturen sind gleich.

Unterschiede zwischen EM und EMa liegen in der Herstellung, ihrer Haltbarkeit und darin, dass die EMa bei der Vermehrung die Umgebungsmikroben aufnehmen und integrieren können. Sie sind nie identisch mit der Stammlösung. Kauft man EM ein, ist es daher immer wichtig, zu wissen, ob man EM-Stammlösung oder EMa erworben hat. Gekaufte EMa sind *nicht* vermehrungsfähig.

Da die EM-Stammlösung anders vermehrt wurde als EM zu EMa, ist die EM-Stammlösung wesentlich länger haltbar als EMa. Letztere sollten binnen 2 bis 3 Wochen angewendet werden, danach nimmt ihre Lebensfähigkeit und Wirksamkeit rapide ab. Zurück bleibt schließlich eine milchsaure Mikrobenmischung, deren Wirkung aber nicht mehr diejenige der EM hat.

EM können erfahrungsgemäß nur einmal vermehrt werden, bei weiteren Malen verschiebt sich die Zusammensetzung der Mikrobenstämme. Es entwickelt sich zwar weiterhin eine saure Mikrobenkultur, diese besteht aber im Wesentlichen nur noch aus Milchsäurebakterien, Umgebungsmikroben und Hefen.

Mikroben in Wasser mit Melasse fangen bei Wärme an, sich zu

verdoppeln, und zwar jeder Mikrobenstamm in unterschiedlichem Tempo. Dabei hat jeder erst eine Anlaufphase, dann die optimale Verdopplungsrate; und wenn die Nährstoffe aufgebraucht sind oder die natürliche Besiedlungsdichte erreicht ist, hören die jeweiligen Mikroben auf, sich zu verdoppeln. Abhängig von der Temperatur gehen sie danach in eine Ruhephase, bevor sie langsam absterben, sofern sie nicht in ein lebendiges Umfeld gelangen. EM folgen in Vermehrung und Haltbarkeit von EMa diesem Ablauf.

Die Vermehrung der EM kann in beliebiger Menge erfolgen. Ob ½ l in einem Babyflaschenwärmer oder 1000 l im Container auf einer Heizdecke – die Vorgehensweise ist prinzipiell dieselbe. Wichtig ist, dass die Vermehrung anaerob erfolgt, also im Vermehrungsgefäß kein Luftraum verbleibt (s. Kap. 16). Gleichzeitig darf das jeweilige Gefäß jedoch nicht fest verschlossen werden, da sich während der Vermehrung Gase entwickeln, die entweichen können müssen, damit innen kein Überdruck entsteht, der das Gefäß platzen lassen kann.

Verschiedene Anwender haben vorgeschlagen, sich bei der EM-Vermehrung nach dem Mondstand zu richten. Empfohlen werden Frucht- und Blütetage. Dies kann sinnvoll sein, der Erfolg der EM-Vermehrung hängt davon jedoch nicht grundsätzlich ab.

Der Ort zur EM-Vermehrung sollte so gewählt werden, dass er im Alltagsbewusstsein präsent ist und dass man täglich nach den EM schauen kann. Der Raum sollte ruhig, gleichmäßig temperiert, weitgehend frei von elektromagnetischen Störfeldern und keiner direkten Sonneneinstrahlung ausgesetzt sein. Zur Vermehrung benötigt man die folgenden Utensilien:

---

ein verschließbares Vermehrungsgefäß,

Wasser,

EM,

Zuckerrohrmelasse,

Messbecher,
gegebenenfalls einen Trichter,
Wasserkocher,
Thermometer,
Topflappen oder Tuch,
Wärmequelle,
pH-Wert-Messstreifen.

Da man die Umgebungsmikroben mit den EM in Kontakt bringt, sobald man mit ihnen arbeitet, sind ein sauberes Umfeld und saubere Materialien unerlässlich.
Als *Vermehrungsgefäße* werden meistens Kunststoffbehältnisse verwendet, da diese dem eventuell entstehenden Gasdruck nachgeben. Der verwendete Kunststoff sollte lebensmittelecht sein, da EM prinzipiell Kohlenwasserstoffe, also auch Plastik, in seine Grundbestandteile zerlegen können und es bei dünnwandigen Kanistern passieren kann, dass bei mehrmaliger Verwendung des Gefäßes EM plötzlich durch die Wandungen perfundieren. Bei Glasgefäßen stellt man das Entweichen des Gases beispielsweise durch einen Gärspund sicher, wie er für die Gärung von Wein verwendet wird.
Die *Wasserqualität* hat eine große Bedeutung für die Qualität der EMa. Das Wasser sollte rein und vor allem frei von Chlor oder anderen wachstumshemmenden Tendenzen sein. In Deutschland ist Leitungswasser grundsätzlich verwendbar. Man kann die benötigte Wassermenge zunächst mit EM-Keramikröhrchen stehen lassen. Auch Chlor verflüchtigt sich dann binnen Stunden. Destilliertes Wasser ist für die EM-Vermehrung ungeeignet.
Da man *EM* in dem Verhältnis vermehrt, in dem man sie ansetzt, sollte die Stammlösung, die dafür verwendet wird, immer frisch sein. Sonderprodukte mit EM sind in der Regel nicht vermehrungsfähig.
Zuckerrohrmelasse dient der Ernährung der EM während der Ver-

mehrung. Sie enthält die dafür notwendigen Kohlenhydrate, Mineral- und Spurennährstoffe. Man kann im EM-Handel gentechnikfreie, biologisch angebaute und fair produzierte Melasse erwerben. Andere Zuckerquellen wie Rübenzucker haben sich nicht bewährt.

Der *Messbecher* zum Abmessen der Zuckerrohrmelasse und der EM sollte temperaturbeständig sein, damit man die zähe Melasse mit heißem Wasser ausspülen kann.

Das *Thermometer* dient zur Temperaturmessung des Ansatzes und während der Vermehrung. Es benötigt eine Skala, von der mindestens 20 bis 45 °C gut ablesbar sind.

Als *Wärmequelle* kann prinzipiell alles dienen, was imstande ist, das jeweilige Gefäß über eine Woche lang in gleichmäßiger Temperatur von 30 bis 34 °C zu halten. Bewährt hat sich die Verwendung einer Plastikkiste als Warmwasserbad, in dem man die EM im Vermehrungsgefäß warm hält. Man braucht dafür:

---

einen tauchbaren Heizstab mit Temperatureinstellung, erhältlich im Aquarienhandel,
eine Kiste oder Wanne für das Wasserbad,
Ziegelsteine rechts und links oder eine darübergestülpte kleine Leergutkiste, die den Heizstab schützen und auf die man das Vermehrungsgefäß stellt,
gegebenenfalls eine darübergelegte Decke oder Isoliermaterial, die die Wärmeabstrahlung in Grenzen halten.

Man kann für ein Volumen bis zu einem 10-l-Kanister auch fertige EM-Vermehrungskästen mit eingebauter Heizplatte kaufen.

Grundsätzlich ist es günstiger, die Wärme von unterhalb an das Vermehrungsgefäß heranzuführen, da in diesem dann eine die Schichten mischende Zirkulation entsteht. Ist der Boden des Raums kalt, legt man eine Isolierung unter. Weicht die Raumtemperatur erheb-

lich von der Vermehrungstemperatur ab, empfiehlt sich eine Rundum-Isolierung mit alten Wolldecken, Daunenjacken, Styroporplatten oder Isomatten.
Man sollte auf keinen Fall den Heizstab oder gar einen Tauchsieder *in* die Mikrobenlösung hineinhängen. Am Heizstab direkt steigt die Temperatur auf bis zu 70 °C, während zum Außenbereich des Gefäßes hin ein Gefälle bis unter die gewünschte Temperatur entsteht. Dies führt zum Absterben von Mikroben und zum Ungleichgewicht in der Lösung.
Am Ende der Vermehrungszeit werden die fertigen EMa auf Geruch, Geschmack und einen *pH-Wert* von 3,6 oder darunter geprüft. Der pH-Wert wird mit Messstreifen einer passenden Skala oder, wenn vorhanden, einem geeichten pH-Meter gemessen.
Es gibt eine Reihe von Rezepturen, nach denen den EM zur Vermehrung allerlei *Zutaten* mitgegeben werden sollen: Salz oder Essig, Mineralien oder pflanzliche Substrate. Dies ist grundsätzlich nicht nötig. Im Einzelfall ist zu prüfen, ob sich solche Zusätze überhaupt mit EM vertragen. Essig, Salz und Alkohol sind beispielsweise ungeeignet.

Die Vorgehensweise

Es wird eine 3-prozentige Lösung von EM mit Melasse und Wasser gemischt und bei 30 bis 34 °C für 8 Tage warm gehalten. Man kann sicherheitshalber auch eine 4- bis 5-prozentige Mischung ansetzen, also mehr EM und Melasse pro Wassermenge nehmen. Stets werden jedoch EM und Melasse zu gleichen Teilen eingesetzt, die einzige Ausnahme bilden EMa für die Teichsanierung.

👍 Häufig stimmt das Volumen von Kanistern nicht mit der Volumenbenennung überein; das heißt, Gefäße können eine größere Füllmenge haben als angegeben. Ein »10-l-Kanister« fasst möglicherweise 12 l und braucht dann folglich entsprechend mehr EM und Melasse.

Rezeptur für EM-Vermehrung in einem 10 l fassenden Kanister

Zunächst stellt man sich die benötigten Zutaten zurecht. Auf 10 l Wasser bedeutet eine 3-prozentige Mischung 300 ml EM und 300 ml Melasse.

1. *300 ml Melasse in den Kanister geben und mit 2 l sehr heißem Wasser (über 80 °C) übergießen.* Dies löst die Zähflüssigkeit auf und reduziert ein eventuelles Übermaß an darin vorhandenen Bakterien.
2. *Den Kanister* unter Schutz der Hände durch Topflappen so lange *vorsichtig schütteln,* bis sich alle Melasse, auch vom Kanisterboden, aufgelöst hat. Achtung: Die Luft im Kanister erhitzt sich dabei und entweicht beim Wiederöffnen des Deckels plötzlich. (Man kann Melasse und Wasser auch außerhalb des Kanisters mischen.)
3. *Den Kanister mit kaltem oder lauwarmem Wasser bis auf etwa 8 l Füllvolumen auffüllen.* Die Temperatur sollte jetzt um 34 °C betragen, auf jeden Fall unter 40 °C liegen.
4. *300 ml EM zufügen* und behutsam untermischen.
5. *Kanister vollständig mit Wasser auffüllen* und dabei die Temperatur gegebenenfalls korrigieren.
6. *Verschluss locker zudrehen,* so dass möglichst keine Luft eindringt. Spezielle Gasventile oder ein sogenannter Gärspund ermöglichen einen einseitigen Gasaustritt.
7. *Wärmequelle vorbereiten und Kanister hineinstellen.* Handelt es sich um ein Wasserbad, sollte er mit dem unteren Drittel im

Wasser stehen. Liegt der Einfüllstutzen des Kanisters tiefer als sein höchstes Innenvolumen, empfiehlt es sich, ihn schräg aufzustellen, damit kein leerer Luftraum in ihm verbleibt. Ein etwa 2 cm dickes Luftkissen kann unter dem Deckel toleriert werden und wird durch das während der Vermehrung gebildete Gas bald verdrängt.

8. *Bei 29 bis 34 °C 8 Tage lang ruhig warm stellen.* Etwa am zweiten Tag beginnen die Mikroorganismen, Gase zu bilden, die täglich durch leichtes Öffnen des Verschlusses abgelassen werden. Manche Kanister verbeulen sich unter Druckentwicklung und können überlaufen.
9. *Die Temperatur regelmäßig überprüfen.* Sie sollte nicht unter 29 °C fallen oder über 38 °C steigen, weil insbesondere Letzteres der Mikrobengesundheit schadet. Auch kurzzeitiges Unter- oder Überschreiten der Temperaturtoleranz kann zu unwiderruflichen Störungen führen. Die Dauer von etwa 8 Tagen ist einzuhalten, da Photosynthesebakterien sich sehr viel langsamer vermehren als Milchsäurebakterien und Hefen, die den pH-Wert der Mischung schon in den ersten Vermehrungstagen auf den gewünschten Wert senken. Dieser ist daher kein Kriterium für eine fertige Vermehrung der EMa.
10. Nach Ablauf der Vermehrungszeit den *Kanister aus der Wärme nehmen.*
11. *Den Inhalt inspizieren.* Eine weißliche Schicht auf der Oberfläche wird von den Hefen gebildet und ist normal.
12. *Geruch, Geschmack und pH-Wert überprüfen,* Letzterer sollte unter 3,6 liegen.
13. Werden die EMa nicht sofort verwendet, *in andere Gefäße umfüllen und kühl stellen,* um die Vermehrung der Mikroben zu stoppen. Sie sollten binnen 3 Wochen ausgebracht werden.
14. Das *Vermehrungsgefäß gründlich mit heißem Wasser reinigen* und für den nächsten Ansatz sorgfältig austrocknen. Es dürfen keine

Reste an den Innenwänden kleben bleiben. Gegebenenfalls mit feinem Sand ausschütteln.

Da jeder EMa-Ansatz die momentanen Ortsmikroben mit enthält, was durchaus erwünscht ist, können alle EMa verschieden ausfallen. Wenn es nicht funktioniert, können folgende Fehler zu verfälschten EMa geführt haben:

- Die verwendeten EM waren zu alt und die Ausgangsmischung im Ungleichgewicht.
- Es wurden zu wenig EM und/oder Melasse zum Wasser gegeben.
- Die Melasse wurde nicht vollständig gelöst, blieb auf dem Grund des Gefäßes liegen, und die Mikroben im oberen Teil litten Mangel.
- Das Gefäß war nicht vollständig gefüllt, und die Vermehrung erfolgte unter Luftzufuhr, also aerob statt anaerob.
- Das Wasser war chlorhaltig oder von schlechter Qualität.
- Das Vermehrungsgefäß war verschmutzt.
- Die Wärmequelle war nicht konstant, es gab zwischenzeitlichen Stromausfall, oder der Stecker einer Heizquelle war nicht eingesteckt.
- Es gab eine Überhitzung der EM über 40 °C oder einen Temperaturabfall unter 29 °C.
- Die Vermehrung wurde vorzeitig abgebrochen.

Missratene EMa-Lösung kann, sofern sie nicht fürchterlich stinkt, als Milchsäure-Hefe-Mischung betrachtet und als solche immer noch einem anderen Verwendungszweck zugeführt werden.

19. DIE PRODUKTPALETTE DER EM

Mit Effektiven Mikroorganismen und der EM-Technologie werden zahlreiche Produkte hergestellt.

Ursprünglich wurden EM als eine einzige Stammlösung entwickelt, aus der die »klassische« Produktpalette entstand, die sogenannte EM-Technologie (s. Teil II). Mittlerweile wurde daraus solch eine Fülle von Produkten entwickelt, dass man als interessierter EM-Anfänger leicht überfordert und ratlos davorstehen kann und der Mut zur Anwendung sinkt. Für jeden Anwendungsbereich gibt es verschiedenste EM-Präparate mit jeweils eigenen Bezeichnungen von den diversen Herstellern und zu unterschiedlichsten Preisen.
Da ist es zunächst tröstlich zu wissen, dass alle Anwendungen ursprünglich ausschließlich mit der EM-Stammlösung praktiziert wurden. Für den Anfang ist es daher am leichtesten, mit der EM-Stammlösung zu beginnen und diese bei größerem Bedarf zu EMa zu vermehren. Sie ist im deutschsprachigen Europa derzeit unter den Bezeichnungen »Farming«, »Urlösung« und »EM-1« im Handel. Eine Reihe anderer Firmen haben Produkte herausgebracht, die sie als »Effektive Mikroorganismen« bezeichnen, die aber die hier beschriebenen Wirkungen nicht haben. Der Begriff ist nicht schützbar und jeder, der Bakterienstämme zu einer Mischung in Lösung zusammenbringt, darf sie so nennen. Dabei wurde teilweise sogar die Liste der Einzelstämme kopiert. Doch nur wenn EM in einer bestimmten Weise zum Team kultiviert wurden, vermögen sie die in diesem Buch beschriebenen Verwandlungen zu bewirken.
Um in der Fülle von Sonderprodukten zurechtzukommen, ist es hilfreich, sich jeweils folgende Fragen zu stellen:

- *Handelt es sich um die EM-Stammlösung, um EMa oder um ein anderes Produkt?* Die Verführung ist groß, EMa einfach als »EM«

bezeichnet zu verkaufen, ohne sie als EMa zu deklarieren. Bietet jemand EM zu einem deutlich günstigeren als dem handelsüblichen Preis an, empfiehlt es sich immer, beim Händler nachzufragen, ob es sich um die *Stammlösung* oder um *vermehrte EM* (EMa) handelt. EMa haben ab *Herstellungs*datum gewöhnlich nur maximal 3 Wochen lang die volle EM-Wirkung.

- *Wie ist die Zusammensetzung des Produktes?* Die Zutaten werden nach ihrem Maß aufgelistet, als Erstes diejenige mit der größten Menge. Ist ein probiotisches EM-Getränk überwiegend aus Fruchtsaftkonzentrat und Zuckern zusammengesetzt? Dann ist die gesundheitliche Wirkung fraglich. Die Fermentation an sich macht noch keine Aussage über eine Mikrobendichte oder die Zusammensetzung des Endprodukts.
- *Sind die Zutaten erforderlich für eine umfassendere Wirkung des Produkts als die Stammlösung?* Zusätzliche Mikrobenstämme können beispielsweise den Zelluloseabbau in Kläranlagen beschleunigen.
- Sind *andere Zutaten* enthalten als in der EM-Stammlösung, oder wurde diese nur unter einer anderen Bezeichnung vertrieben, zum Beispiel als »Anti-Milben-Spray für Katzen«, der dann teurer ist?
- *Sind die Zutaten sinnvoll gemäß der »friedlichen Koexistenz« der EM?* Es ist nämlich kontraproduktiv, EM mit antimikrobiellen Zutaten zu mischen. Ätherische Öle zeigen bis auf wenige Ausnahmen antimikrobielle Wirkung. Zitronensäure reduzierte in Studien binnen 2 Minuten die mikrobielle Keimdichte in natürlichen Lösungen um 100 Prozent. Alkohol ist ein Desinfektionsmittel und tötet sowohl Bakterien als auch Pilze ab. Beide sind nur bedingt mit EM verträglich. Auch Honig ist antimikrobiell und führt, mit EM vermengt, zu einer Reduktion der Bakterien zugunsten der Hefen, die in der entsprechend zuckrigen Lösung im Kontakt mit Sauerstoff von Milchsäure- zur Alkoholgärung übergehen.

- *Sind die Zutaten natürlicher Herkunft,* oder gebe ich mit dem Produkt chemisch-synthetische Stoffe in den jeweiligen Lebensraum?
- *Sind die Zutaten ethisch vertretbar?* Ich halte zum Beispiel Lebensmittel wie Extrakte von Zitrusfrüchten in EM-Reinigungsmitteln für unangemessen.
- *Wie steht es um die Haltbarkeit und Wirkdauer des jeweiligen Produkts?* Bei Unklarheiten erbittet man sich gegebenenfalls vom Händler oder Hersteller einen Nachweis über die Dauer der mikrobiellen Wirksamkeit.
- *Lässt sich die erworbene EM-Lösung vermehren?* Nur die EM-Stammlösung kann zu EMa vermehrt werden. Sonderprodukte sind in der Regel nicht vermehrungsfähig.
- *Wie ist die Dosierung des Sonderprodukts?*
- *Wie hoch ist der Preis für die jeweilige Anwendung* im Vergleich zur Verwendung der Stammlösung bzw. der EMa?
- *Dient das Produkt tatsächlich der Heilung und Förderung des lebendigen Kreislaufs* oder bloß einseitigen wirtschaftlichen Interessen? So gibt es EM zum Spray gemixt zugunsten und im Namen eines Klinikprofessors vertrieben für einen vielfachen Preis?

Im Zweifelsfall sollte man Händler oder Hersteller fragen, warum eine bestimmte Verwendung der EM für ein Sonderprodukt zustande kam, welche Verbesserung dies darstellt und ob nachgewiesen ist, in welcher Dichte die Effektiven Mikroorganismen darin wirksam enthalten sind. Als Hilfestellung seien hier einige Bezeichnungen für Sonderprodukte genannt:

- Als »EM blond« oder »EM klar« werden EM bezeichnet, die anstatt mit Melasse mit Hilfe von Getreide fermentiert wurden und dadurch eine helle Farbe aufweisen.
- »EM kristall« ist ebenfalls eine helle EM-Lösung. Sie ist als Reinigungsmittel gedacht und wird mit einem Zwischenprodukt in der

Melasseproduktion hergestellt, der »hellen Melasse«, die noch viel Zucker und kaum Mineralstoffe enthält.

- Unter der Bezeichnung »EM aktiv« werden von den großen Herstellern Präparate vertrieben, die EMa sind und die länger wirksam sein sollen als die vom Anwender vermehrten EMa. Mir ist bislang kein mikrobiologischer Nachweis für die längere Haltbarkeit, also Wirksamkeit bekannt.
- Mit »EM B« (auch »EM plus«) wird eine EM-Lösung bezeichnet, die um Mikrobenstämme erweitert wurde, welche vorzugsweise Zellulose und Fette abbauen. Sie werden in Kläranlagen, Fettabscheidern und zur Faulschlammreduzierung in stehenden Gewässern eingesetzt.

Die Verwendung von EM-Sonderprodukten kann notwendig sein, wenn ein Anwendungsbereich bestimmten rechtlichen Verordnungen unterworfen ist. Beispielsweise unterliegen lebensmittelverarbeitende Betriebe und medizinische Einrichtungen Hygienevorschriften, so dass dort nur zugelassene Produkte eingesetzt werden dürfen. Auch beim Einsatz der EM als Silierhilfsmittel oder Futterzusatz und im Lebensmittelhandel müssen gesetzliche Vorgaben berücksichtigt werden. Es gibt für alle solche Bereiche mittlerweile amtlich zugelassene EM-Produkte.

Die Aussage von Händlern, man verkaufe die »original«, »lizenzierten« oder sonst wie standardisierten Mikroorganismen, ist eine Behauptung, die der Milliarden Jahre alten Geschichte dieser Lebewesen zuwiderläuft.

Der Einfachheit halber ist im praktischen Teil durchgehend von EM die Rede. Damit sind die EM-Stammlösung oder EMa gemeint, auch bei Anwendungen, wo Sonderprodukte gesetzlich notwendig sind. Diese durchgängigen Angaben ermöglichen es, die Dosierung von Sonderprodukten, beispielsweise für Mensch und Tier, gegebenenfalls am Maßstab der Stammlösung einzuschätzen.

II. EM-Technologie

20. UNTER VERWENDUNG DER EM HERGESTELLTE PRODUKTE

Als »EM-Technologie« werden die »klassischen« Erzeugnisse bezeichnet, die unter Einsatz der Effektiven Mikroorganismen hergestellt wurden. Mittlerweile gibt es zahlreiche weitere Produkte (s. Kap. 19). Der Begriff »EM-Technologie« stammt aus der englischen Übersetzung der ursprünglich japanischen Bezeichnung und deckt sich nicht ganz mit der Bedeutung im deutschen Sprachgebrauch, da im Zusammenhang mit EM nicht nur technologische, sondern auch lebendige Vorgänge bezeichnet werden. Zur EM-Technologie zählen:

- EM-Keramik,
- Bokashi,
- EM-Lehmkugeln (Dangos),
- mit EM fermentierte Getränke,
- EM-Pflanzengärsäfte (FKE, FPE),
- EM-5 und
- EM-Salz.

Darüber hinaus gibt es inzwischen eine große Anzahl von Produkten, die sich die Fähigkeiten der EM zunutze machen. Wieweit sie notwendig und sinnvoll sind, sei der Entscheidung des Einzelnen überlassen, und im Zweifelsfall empfiehlt es sich, ein Produkt auf die Grundprinzipien der EM hin zu prüfen (s. S. 32 ff.). Es geht letztendlich nicht darum, die moderne Produktpalette der Welt jetzt mit den Eigenschaften der EM anzureichern, sondern es geht um eine grundlegende Heilung lebendiger Kreisläufe und um ein friedlicheres Miteinander von Menschen und Kleinstlebewesen auf der Erde. Dafür genügt es, die EM-Lösung und -Technologie einzusetzen und sich auf deren Universalität zu verlassen (siehe Kapitel 19).

21. EM-KERAMIK

EM-Keramik ist Ton, der mit EM verknetet, einige Zeit gelagert, fermentiert, in Form gebracht und bei einer Temperatur von etwa 1300 °C gebrannt wurde.

Es gibt EM-Keramikröhrchen, -ringe und -pulver, darüber hinaus kann Ton natürlich in jede beliebige Form gebracht werden. EM-Keramik wird eingesetzt,

- wo keine Mikroorganismen zugefügt werden sollen,
- wo die direkte Stoffwechselwirkung der Mikroorganismen unerwünscht ist,
- wo EM in Lösung nicht oder nur kurz überleben würden,
- wo in einem beweglichen Milieu die EM-Wirkung an einem Ort fixiert werden soll,
- wenn nur die Schwingungsinformation der EM eingesetzt werden soll,
- als Ergänzung und Unterstützung der flüssigen EM.

Das ist in der Regel bei der Anwendung in Wasser sowie in organischen Bausubstanzen, im Winter im Boden und bei der Energiegewinnung der Fall.
Die Menge der EM-Keramik ist vom örtlichen Bedarf abhängig.

Die Herkunft des Tons spielt für die Qualität der EM-Keramik eine wesentliche Rolle. EM-Keramik ist für den menschlichen Verzehr grundsätzlich nicht geeignet.
Wenn Frischwasser mit EM-Keramik informiert wurde, spricht man von »EM-Keramik-Wasser«. EM-Keramik wirkt, indem sie die Schwingungsmuster der EM auf Substanzen überträgt und dadurch deren Eigenschaften generell verbessert. Die Wirkungen liegen zum Teil in Bereichen, die mit den herkömmlichen groben physikalischen Methoden noch nicht messbar, durch feinfühlige Menschen und radiästhetisch jedoch nachweisbar sind.
EM-Keramik verändert die inneren Molekülverbindungen des Wassers, die sogenannten Cluster (englisch für »Verbund«), indem sie es energiereich impulsiert und informiert, so dass es sich wieder zu dem ihm natürlicherweise innewohnenden freien Sein ordnet. Sie geht dabei in Kontakt mit den in jedem ungefilterten Wasser natürlicherweise vorhandenen Kleinstmikroben. Es kommt bei Wasser zu

- einer Qualitätssteigerung,
- einer verbesserten Aufnahme- und Abgabefähigkeit von Stoffen,
- einem verbesserten Geschmack von Trinkwasser,
- der Sanierung von Gewässern,
- der Mobilisierung von Faulschlämmen, die mit EM nicht erreichbar sind, und
- der Schonung von Geräten.

Darüber hinaus führt EM-Keramik im Zusammenhang mit Materialien zur

- Optimierung von Verbrennungsvorgängen,
- Verbesserung von Klebereigenschaften,
- Beschleunigung von Abbindeprozessen,

- Stabilisierung,
- Reduzierung elektromagnetischer Belastungen und
- Energieersparnis.

EM-Keramikröhrchen

Die *Dosierung* der EM-Keramik richtet sich nach dem jeweiligen Bedarf, beispielsweise 3 bis 10 EM-Keramikröhrchen je 1 l Trinkwasser. Für kleine Volumina, etwa Kleintiertrinknäpfe, nimmt man je 1 bis 3 Röhrchen. Je größer die Wassermenge ist, desto weniger EM-Keramikröhrchen werden je 1 l eingesetzt:

- 10 Keramikröhrchen wiegen circa 10 g.
- Ein Beutel EM-Keramikröhrchen wiegt 500 g.
- 500 g EM-Keramikröhrchen kommen auf etwa 10 000 l (10 m^3) Frischwasser.
- 1 kg EM-Keramikröhrchen kommen auf etwa 20 000 l Frischwasser.
- 1,5 kg EM-Keramikröhrchen kommen auf etwa 50 000 l Frischwasser.
- 2,5 bis 3 kg EM-Keramikröhrchen kommen auf etwa 100 000 l Frischwasser.
- Bei Gewässern und in Schwimmbädern nimmt man, abhängig von der jeweiligen Wasserqualität, größere Mengen.

Die *Wirkdauer* der EM-Keramik wird als unbegrenzt angesehen, dies ist nach meiner Erfahrung jedoch nicht der Fall. Je nach Belastung kann es sein, dass die Wirkung der Röhrchen nach einigen Monaten nachlässt, und eventuell nimmt der poröse Ton mit der Zeit Partikel aus dem Wasser auf, was man an ihrer Verkalkung oder Verfärbung erkennt. Dann tauscht man die Röhrchen besser aus.

Man kann sie anschließend zerschlagen und im Garten ausstreuen oder dem Kompost untermischen.
Es gibt bei verschiedenen Herstellern unterschiedliche Keramikröhrchen, beispielsweise rote, die Stickstoffverbindungen in Gewässern binden. Diese sind nur eine begrenzte Zeit lang wirksam. Über ihren Einsatz sollte man sich beim Händler oder Hersteller beraten lassen.
Auch wenn die EM-Keramikröhrchen sich äußerlich ähneln, können sie bedauerlicherweise bei verschiedener Herkunft von vornherein sehr unterschiedliche Wirkqualitäten aufweisen. Trüben neue EM-Keramikröhrchen das Wasser ein, in das sie gegeben werden, sind sie untauglich.

Keramikpulver

EM-Keramikpulver wird in Garten und Landwirtschaft zur Bodenverbesserung eingebracht, zusätzlich zu EM oder wenn zu niedrige Temperaturen keine Anwendung lebender Organismen im Freien erlauben. In Baumaterialien erleichtert es die Verarbeitung, verbessert ihre Eigenschaften und ihre Wirkung.

- 1 gestrichener Teelöffel (TL) hat 2 g Keramikpulver.
- 1 gestrichener Esslöffel (EL) hat 7 g Keramikpulver.
- 1 leicht gehäufter EL hat 10 g Keramikpulver.
- 1 gut gehäufter EL hat 15 g Keramikpulver.

Im Garten oder zum Auspudern von Käfigen und Zwingern kann die Vorstellung helfen, das EM-Keramikpulver so über den Boden zu streuen wie Pfeffer über ein Mittagessen.
Zur Gewässersanierung gibt man 1 bis 2 g EM-Keramikpulver pro cm Schlammdicke und m^2 Grundfläche.

Wird Keramikpulver einer flüssigen Lösung zum Ausspritzen beigegeben, muss diese im Gefäß während der Ausbringung zur besseren Verteilung immer wieder aufgemischt werden.
Zur gleichmäßigeren Verteilung auf einer Fläche mischt man es am besten in ein feines Trägermaterial, beispielsweise in feines Gesteinsmehl.

22. BOKASHI

Als »Bokashi« bezeichnet man mit Effektiven Mikroorganismen fermentiertes organisches Material.

Dabei spielen die Herkunft und die Verwendung des Materials keine Rolle. Im Sprachgebrauch wird der Begriff allerdings nicht konsequent genutzt, und man spricht statt von »Bokashi« beispielsweise auch von »EM-Silage« oder »EM-Kompost«.
Das Wort »Bokashi« leitet sich vom japanischen Verb *bokasu* ab, das sich mit »abstufen« übersetzen lässt, und bedeutet, dass etwas schrittweise abgewandelt wird. Diese Umwandlung folgt dem gleichen Prinzip wie beim Entstehen von Sauerkraut. Durch die Fermentation mit EM wird verhindert, dass organisches Material fault und verdirbt. Stattdessen wird es in ein höherwertiges Substrat verwandelt, das der Förderung des Lebens dient und je nach Ausgangssubstanzen als Dünger im Boden, als Futter für Tiere oder als Starter für weitere Fermentationsprozesse zur Verfügung steht. Bokashi kann leicht selbst hergestellt werden und ist auch im Handel erhältlich.
Häufige Bezeichnungen sind »Düngebokashi« für Bokashi, das anschließend in den Boden eingebracht wird, »Futterbokashi«, das zur Ernährung von Tieren dient, und »Küchenbokashi«, das aus Küchenabfällen entsteht, also auch ein Düngebokashi ist.

Mit Bokashi lässt sich am schnellsten eine für die Gesundheit erforderliche Bakterienbesiedlung wiederherstellen und die Fruchtbarkeit eines Bodens wiederaufbauen. Durch Bokashi wird alles organische Material mit zusätzlicher Energie im Kreislauf des Lebendigen erhalten.

Bokashi entwickelt sich grundsätzlich anaerob, also unter weitgehendem Luftabschluss, entsprechend der Vorliebe der EM für ein sauerstoffarmes Milieu. Man muss also immer dafür Sorge tragen, dass es zerkleinert, gründlich verdichtet und in einem abgeschlossenen Behältnis angesetzt wird oder im größeren Umfang auch als Miete.

Die Zusammensetzung von Bokashi kann völlig verschieden sein, und grundsätzlich lässt sich jegliche organische Masse fermentieren. Allerdings würde man zu Futterbokashi nur fermentieren, was bereits als pflanzlicher Rohstoff gefüttert werden könnte, folglich keine Abfälle. Bei der Mischung der Materialien sollte, wenn möglich, das C:N-Verhältnis berücksichtigt werden (s. S. 100 f.). Auch Kompost wird vorzugsweise mit EM zu Bokashi angesetzt (s. S. 106 f.).

Die Reifezeit von Bokashi beträgt bei mittleren Temperaturen 3 bis 7 Wochen für leichte Materialien, bis zu einigen Monaten bei schwer verdaulichen. Höhere Temperaturen bis maximal 35 °C beschleunigen den Prozess.

Durch die milchsaure Fermentation ist Bokashi unter Luftabschluss haltbar und lange lagerfähig. Bokashi erhält durch die Fermentation einen sauren Charakter, und der pH-Wert liegt bei etwa 4. Es wird daher nie konzentriert gefüttert und an Pflanzen nur mit einem zeitlichen und/oder räumlichen Abstand gegeben.

Der Vorteil der anaeroben Fermentation liegt im Erhalt von Energie und Nährstoffen unter gleichzeitiger Anreicherung mit mikrobiellen Stoffwechselprodukten, die im Fall von EM reduktive, also antioxidative Kapazitäten haben. Dies führt zu einem Energiezuwachs. Während bei aerober Umwandlung, also mit Sauerstoff, Wärme

entsteht und Gase gebildet werden, die freigesetzt werden, bleiben Energie und Ausgangsstoffe im anaeroben Bokashi vollständig organisch gebunden und stehen später zur Förderung des Wachstums wieder zur Verfügung.
Für die Herstellung von Bokashi aus Küchenabfällen im Haushalt wurden spezielle Bokashi-Eimer entwickelt. Sie lassen sich verschließen, und ein innen liegendes Sieb ermöglicht es, den bei der mikrobiellen Umsetzung entstehenden Gärungssaft aufzufangen und über ein eingebautes Kränchen abzulassen.
Zur Herstellung von Bokashi s. S. 95 ff. (»Bokashi im Garten«), S. 190 ff. (»Bokashi aus der Küche«) und S. 99 (»Futterbokashi«).

23. EM-LEHMKUGELN (DANGOS)

Dangos sind Kugeln, die aus Lehm geformt wurden, der mit EM und EM-Keramikpulver vermengt worden ist.

Sie dienen dazu, EM in Sedimente von sanierungsbedürftigen Gewässern zu transportieren, wo flüssige EM nicht oder zu langsam eindringen würden. Mit Hilfe von Dangos werden Fäulnisprozesse von Grund auf mobilisiert. Faulschlämme können sich auflösen, Algenbildung und schlechter Geruch werden reduziert, Wasserpflanzen regenerieren, und das Wasser klärt sich.
Das japanische Wort *dango* bedeutet so viel wie »Kloß«. Dangos können aus verschiedenen Zutaten zusammengesetzt sein. Man braucht:

- eine Trägersubstanz, die trocknungsfähig ist – in der Regel Lehm oder Ton mit Sand –, und
- flüssige EM.

Zur Verstärkung der Wirkung kann EM-Keramikpulver zugefügt werden,
der Adsorption der EM dient eine Zugabe von Gesteinsmehl.

Es wird *kein Bokashi* zugefügt. Es ist für das Überleben der Mikroorganismen nicht erforderlich und trägt zusätzliche organische Masse in das Gewässer ein, was unerwünscht ist, da Gewässer mit Faulschlämmen bereits ein Übermaß an organischer Substanz tragen. Von *Gesteinsmehlen* wird so wenig wie möglich zugefügt, da sie oft einen hohen pH-Wert haben, Granitmehl beispielsweise pH 9,1, und der pH-Wert kranker Gewässer oft bereits weit in den alkalischen Bereich abgedriftet ist. *Lehm und Sand* hingegen sind leicht sauer und unterstützen sowohl die EM als auch das Verringern des pH-Werts im Zielgewässer. Die Lehmerde gibt den Dangos Gewicht, so dass sie auch über größere Entfernungen geworfen werden und in dicke Schlammschichten einsinken können.
Zur Herstellung von Dangos werden zunächst, sofern vorgesehen, die trockenen Zutaten vermengt und anschließend zusammen mit der EM-Lösung in den Lehm eingeknetet. Anschließend werden sie vollständig luftgetrocknet, damit sie sich im Gewässer nicht sogleich wieder auflösen. An der Oberfläche kann sich dabei ein harmloser weißlicher Pilzüberzug bilden. Direkte Sonneneinstrahlung und längere Lagerung verringern die Mikrobendichte.
Für 15 faustgroße Dangos benötigt man etwa 2,5 kg Lehm. Die Menge an zugefügten EM und Keramikpulver hängt von der gewünschten Dichte und vom Feuchtigkeitsgehalt des Lehms ab. Hier ein Rezeptbeispiel:

1. EM-Keramikpulver mit der dreifachen Menge Urgesteinsmehl vermischen.
2. Mit EM vermengen, bis es zusammenhält.
3. In die vier- bis fünffache Menge Lehm einkneten.

4. Handliche Kugeln formen.
5. Bei 15 bis 26 °C an einem luftigen Ort 2 bis 3 Wochen freiliegend ausgebreitet trocknen lassen.

Je nach Gewässergröße verteilt man die Dangos von Booten oder vom Ufer aus gleichmäßig über den Grund des Gewässers. Es wird zusätzlich, möglichst zeitgleich oder zuvor, mit flüssigen EM behandelt. Beides ist nur bei einer Wassertemperatur von über 8 °C wirksam.
Die Dosierung der Dangos hängt von der Dicke der Faulschlammschicht und dem Ausmaß der Gewässerbelastung ab:

Bei kleineren Gartenteichen sind 2 Dangos je m^2 üblich,
bei größeren Gartenteichen 5 je 10 m^2 und
bei größeren Gewässern 2 bis 3 je 10 m^2.

Die Anwendung wird je nach der Belastung des Gewässers häufiger wiederholt.
Man kann auch Dangos formen, die nach nur wenigen Stunden Antrocknungszeit direkt in den Schlamm geworfen werden, beispielsweise wenn abzusehen ist, dass eine spätere Anwendung nicht mehr möglich ist oder die Wassertemperaturen es später nicht mehr zulassen. Man fügt dann mehr EM zu.
Dangos müssen schwer genug sein, um auf den Grund eines Gewässers sinken zu können, wo sie langsam ihre EM-Wirkung entfalten.

24. MIT EM FERMENTIERTE GETRÄNKE

Für mit EM fermentierte Getränke sind Pflanzen unter Einsatz der Effektiven Mikroorganismen über längere Zeit fermentiert worden.

Filtriert man nach Abschluss der Fermentation den entstandenen Saft ab, enthält er die mikrobiell aufgeschlossenen organischen Makromoleküle aus den Pflanzenzellen sowie die Stoffwechselprodukte der Mikroorganismen, und zwar in konzentrierter und hochkomplexer Form. Die Mikroorganismen können abschließend durch Pasteurisieren entfernt werden.

Das erste bekannte Fermentationsgetränk mit EM war das 1994 entwickelte *EM-X* der Firma Tropical Plant Resources Institute auf Okinawa. EM-X ist heute nicht mehr unter dieser Bezeichnung im Handel. Es wurde aus grünen Papaya, Naturreis, Reiskleie und Braunalgen hergestellt, die zusammen ein Jahr lang mit den Effektiven Mikroorganismen fermentiert worden waren.

Die Zusammensetzung und die außerordentlich starke antioxidative Kapazität des EM-X führten zu heilsamen Wirkungen, die in manchen Ländern medizinisch genutzt wurden. Wissenschaftlich nachgewiesen werden konnte eine Modulation des Immunsystems, Schutz der Leberzellen vor Giften, Schmerzlinderung, verringerte Zellalterung und eine Stärkung der körpereigenen Regenerationsmechanismen. EM-X war imstande, die Empfänglichkeit von Krebszellen für die Elimination zu erhöhen, und reduzierte die Vermehrungsrate von HI-Viren im Körper. Es war imstande, radioaktive Vergiftung zu eliminieren, und seine antioxidative Kapazität war größer als die des Vitamins C.

EM-X wird seit 2009 unter diesem Namen nicht mehr hergestellt. Das Produkt der Herstellerfirma des EM-X, das aus den gleichen

Zutaten und auf dieselbe Weise fermentiert wird, heißt heute *Manju*.

EMzyme heißt ein Fermentationsgetränk, das aus grünen Papayas, Denshichi-Karotten, Reiskleie, Mozuku-Seetang und Gelbwurz ein Jahr lang mit EM fermentiert wird. Anschließend werden laut Hersteller die Mikroorganismen aus dem Saft herausfiltriert. Es wird von der Firma Sanko Sangyo auf Okinawa hergestellt.

EMzyme und Manju haben energetisch gesehen ein dem EM-X ähnliches Wirkspektrum.

Die Wirkung dieser Getränke auf den Organismus ist dosisabhängig. Da sie das Immunsystem modulieren, empfiehlt sich zu Beginn das Trinken weniger Milliliter, um dem Körper eine behutsame Adaption zu ermöglichen. Da sie gut über die Schleimhäute aufgenommen werden, kann man sie in ein kleines Fläschchen abfüllen und als Sprühhub unter die Zunge geben. Nach etwa 3 Tagen kann die Menge langsam gesteigert werden. Je mehr Antioxidation erwünscht ist, desto mehr Manju oder EMzyme kann getrunken werden. Die hilfreiche Menge ist bei Erkrankungen nach oben hin unbegrenzt, selbst bei großen Mengen wurden keine unerwünschten Wirkungen berichtet.

Es ist nicht sinnvoll, sie in Säfte oder heiße Getränke zu mischen. Und dringend abzuraten ist von intravenösen Infusionen mit EM-X, von denen aus Japan berichtet wurde.

EM-X-Gold ist seit ein paar Jahren auf dem Markt und wird in Japan aus mineralischen Rohstoffen wie Korallenkalzium und Bittersalzen hergestellt, die ein Jahr lang mit EM fermentiert und anschließend hoch erhitzt worden waren. Es enthielt, jedenfalls bei Markteinführung, zusätzlich den Farbstoff Hirsepigment. Dem europäischen Importeur zufolge bestimmt bei EM-X-Gold vor allem die energetische Qualität in Form feinenergetischer Resonanzen der Zutaten, die im Getränk gespeichert sind, seine Wirkung. Diese soll größer sein, wenn das Produkt auf 80 bis 90 °C erhitzt und in Tee, Kaffee

oder Wasser getrunken wird. Zum EM-X-Gold sind in Europa bislang keine wissenschaftlichen Studien bekannt. EM-X-Gold und EM-X haben zwar eine Namensähnlichkeit, sind jedoch aus völlig verschiedenen Zutaten entstanden und daher nicht vergleichbar. Studienergebnisse mit EM-X können deshalb, obwohl dies leider praktiziert wird, auch nicht auf EM-X-Gold übertragen werden.
Darüber hinaus gibt es zahlreiche Getränke, die als Probiotika vertrieben werden und die EM und Kräuter, Fruchtsaft oder andere Zutaten enthalten, welche über eine kürzere Zeit mit EM fermentiert wurden. Ob sie eine bessere Wirkung für die Gesundheit zeigen als die EM selbst, kann nicht pauschal bestätigt werden.

25. EM-PFLANZENGÄRSÄFTE (FKE, FPE)

EM-Pflanzengärsäfte werden gebildet, indem zerkleinerte Pflanzenteile mit Effektiven Mikroorganismen und Melasse in Wärme für einige Tage gären und anschließend abgeseiht werden.

Sie werden zur Bodengesundheit und zur Pflanzenstärkung eingesetzt, und ihre Wirkung ergibt sich weitgehend aus dem Spektrum der verwendeten Pflanzen.
Die Bezeichnungen »EM-FKE« für »Fermentierter Kräuter-Extrakt« oder »EM-FPE« für »Fermentierter Pflanzen-Extrakt« werden synonym verwendet und sind beide nicht korrekt, weil ein Extrakt einen wässrigen oder alkoholischen Pflanzenauszug bezeichnet, um den es sich hier nicht handelt. Pflanzengärsäfte sind am ehesten der guten alten Brennnesseljauche vergleichbar.
Für die Vergärung werden den Pflanzen in Wasser die EM zugefügt,

deren Vermehrung durch Zugabe von Melasse gefördert wird. Durch den Gärprozess werden Kräfte und Inhalte der Pflanzen aufgeschlossen und zum Teil mikrobiell verdaut. Sie stehen danach unter anderem als Enzyme, Mineralien und Makromoleküle mitsamt lebenden Bestandteilen in hochkomplexer wässriger Lösung für eine gezielte Anwendung zur Verfügung. Dazu ist es notwendig, die verwendeten Kräuter und ihr Wirkspektrum zu kennen.

Zur *Herstellung* fermentierter Pflanzensäfte werden zu gleichen Volumenteilen zerkleinerte Pflanzen und Wasser mit 3 Prozent EM und 3 Prozent Melasse auf die gleiche Weise angesetzt wie bei der Vermehrung von EM zu EMa (s. Kap. 18). Hierfür ist ein Eimer als Vermehrungsgefäß besser geeignet als die für EMa benutzbaren Kanister, die sich schlecht mit Kräutern befüllen lassen. Man braucht:

---

ausgewählte Pflanzen,
heißes und kaltes Wasser,
EM,
Zuckerrohrmelasse,
1 verschließbares Vermehrungsgefäß,
Gefäße zum späteren Verwahren des Gärsaftes,
1 Messbecher,
1 Thermometer,
1 Wärmequelle,
pH-Wert-Messstreifen sowie
Gaze, ein feines Sieb oder Tuch.

Gehen Sie folgendermaßen vor:

1. Geben Sie die frisch zerkleinerten Pflanzen in das Gefäß.
2. Lösen Sie die Melasse separat mit heißem Wasser auf.
3. Geben Sie kaltes Wasser zur Melasse, bis die Mischung lauwarm ist, auf jeden Fall unter 40 °C.

4. Nun sollten Sie die EM hinzufügen und zusammen ¼ Stunde lang stehen lassen.
5. Geben Sie die EM-Melasse-Mischung über die Pflanzen in das Gefäß. Es dürfen keine Lufträume zwischen den Pflanzenteilen verbleiben.
6. Mischen Sie alles vorsichtig.
7. Decken Sie die Masse luftdicht ab. Die Fermentation soll wie beim Sauerkraut ablaufen – also anaerob, ohne Luft. Man kann eine Plastiktüte oder einen mit Sand gefüllten Plastiksack oben auflegen, der die Oberfläche bedeckt.
8. Stellen Sie das Gefäß bei etwa 35 °C warm. Nach spätestens 2 Tagen beginnt die Gärung, was sich am Entstehen von Gasbläschen ablesen lässt. Man rührt die Masse gelegentlich kurz um, damit Gas entweichen kann.
9. Die Fermentationsdauer kann sehr verschieden sein, oft länger als 7 Tage. Dies darf man ruhig nach eigenem Gefühl entscheiden. Steigen keine Bläschen mehr auf und beträgt der pH-Wert unter 3,7 (s. Kap. 18), ist sie abgeschlossen.
10. Seihen Sie den Gärsaft durch Gaze, ein feines Sieb oder ein Tuch ab.
11. Die Lösung können Sie zwischen 3 und 15 ml je 1 l mit Wasser verdünnt am gewünschten Ort verwenden. Die Verdünnung ist abhängig von Pflanzenart und Verwendungszweck je nach den Gegebenheiten vor Ort.

Der Gärsaft kann in einem verschlossenen Gefäß bei 12 bis 16 °C mehrere Wochen lang aufbewahrt werden. Man füllt ihn am besten in mehrere kleinere Gefäße ab und reinigt das Vermehrungsgefäß gründlich mit heißem Wasser für die nächste Benutzung.
Mit dem Trester, vermischt mit Erde oder reifem Kompost, können Brachflächen, Baumscheiben oder bedürftige Beete bedeckt werden.
Man kann mit etwas Übung auch Gärsaft ansetzen, indem man die

zerkleinerten Pflanzen in einen Jutesack eingebunden in der EM-Melasse-Lösung hängend fermentieren lässt.

26. EM 5

Als »EM 5« bezeichnet man eine Lösung aus Effektiven Mikroorganismen, die mit Melasse, Alkohol, Essig sowie nach Belieben mit anderen Bestandteilen, beispielsweise Knoblauch und Chili, gemischt und wochenlang vergärt wurden. Es soll als Pflanzenschutzmittel »gegen Schädlinge« eingesetzt werden.

Da Alkohol antimikrobiell wirkt und Essig aus Essigsäurebakterien entsteht, die Alkohol vergären, passen beide Zutaten nicht zu dem milchsauren Charakter der Effektiven Mikroorganismen (s. S. 30 f.).

27. EM-SALZ

»EM-Salz« ist die Bezeichnung für verschiedene im Handel vertriebene Salze, bei denen EM während der Verarbeitung eingesetzt wurden.

Es gibt EM-Salz, das aus Japan kommt, wo es unter großem Energieaufwand hergestellt wird, unter anderem unter Zusatz von Salz aus Mexiko. Inzwischen wird auch in Deutschland EM-Salz produziert, beispielsweise wird Solesalz laut Hersteller zusätzlich informiert, indem man es mit den Resonanzen von EM-X-Gold und EM-Keramik versetzt.

Salz an sich ist seit alters ein notwendiges Lebensmittel und wurde auch immer schon als Heilmittel eingesetzt. Ob die Wirkung von EM-Salzen über diejenige von Salz und den EM hinausgeht, wurde nicht wissenschaftlich untersucht, ist meines Erachtens jedoch fraglich.

III. Praktische Anwendungen der Effektiven Mikroorganismen

28. VORBEMERKUNG

In den folgenden Kapiteln finden Sie Vorschläge für die Anwendung der Effektiven Mikroorganismen. Es handelt sich um eine Auswahl, denn die Fülle der Möglichkeiten bietet naturgemäß mehr, als der für dieses Buch gesetzte Rahmen fassen kann. Findet man eine gewünschte Anwendung nicht unter den Stichwörtern im entsprechenden Kapitel, sucht man im Register oder im Kapitel nach einer ähnlichen Anwendung, mit deren Hilfe man ein Gefühl für Menge und Art des Einsatzes ableiten kann.

Angegeben sind jeweils eine Dosierung, die Wirkung, die sich aus der Anwendung erfahrungsgemäß ergeben hat, und Besonderheiten, die zu beachten sind. Verweise führen zu Abschnitten, die weitere wichtige Informationen zur jeweiligen Handhabung enthalten. Welche und wie viele der einzeln aufgeführten Maßnahmen ergriffen werden, ist jeweils der freien Entscheidung des Anwenders überlassen. Handelt es sich um Rezepturen, deren Durchführung in einer bestimmten Reihenfolge erfolgen muss, sind die Einzelschritte mit Ziffern numeriert.

Alle angegebenen Dosierungen sind als Vorschläge zu verstehen, die sich aus eigenen bzw. mir mitgeteilten Erfahrungen ergeben haben oder auf Angaben der Hersteller beruhen. Sie mögen zur Orientierung dienen, besonders um als Anfänger ein Gefühl für den Umgang mit EM zu bekommen. Je nach den Umständen können Menge, Häufigkeit und Einsatz auch anders erforderlich sein. Mit

eigener Erfahrung bekommt man bald ein persönliches Gespür für EM und ihre praktische Anwendung und setzt sie dann mit viel Freude unabhängig von Vorgaben eigenverantwortlich ein.
Wenn Sie eigene Erfahrungen mit EM gemacht haben und davon erzählen möchten, sind Sie herzlich eingeladen, dies zu tun. Die Adressen dafür finden Sie im Anhang.
Wie gesagt ist im Text der Einfachheit halber grundsätzlich von EM die Rede, worunter in gleicher Weise die EM-Stammlösung wie EMa gemeint ist (s. Kap. 18). Bei der Anwendung direkt am Menschen empfiehlt es sich, immer die frische Stammlösung zu verwenden. Mit »EM pur« sind unverdünnte EM als Stammlösung oder bei entsprechenden Anwendungsbereichen als EMa gemeint.
Bei allen gewerblichen Anwendungen von EM sind die jeweils geltenden gesetzlichen Vorschriften, beispielsweise für die Hygiene, zu beachten. Dafür sind jeweils passend zugelassene EM-Lösungen erhältlich.
Es gibt natürlich keinerlei Garantie dafür, dass die angegebenen Wirkungen im Einzelfall genauso eintreten, wie sie aufgezählt werden. EM sind lebendig und wirken gemäß dem Milieu. Tritt die erhoffte Wirkung nicht ein, sollte man bei den »Grundsätzen der EM-Anwendung« (s. Kap. 12) nachlesen, ob man etwas übersehen hat. Wenn nicht, kann man es mit einer höheren Dosierung erneut versuchen.
EM können mit vielen anderen Maßnahmen erfolgreich kombiniert werden. Ob Urgesteinsmehl für den Boden, Kräuterextrakte für Pflanzen, homöopathische Mittel für Tiere und Medizin für Menschen. Was den Grundsätzen der EM-Anwendung (s. Kap. 12) nicht widerspricht und sinnvoll ist, ergänzt sich gewöhnlich sehr gut. Der Einsatz der EM sollte nicht davon abhalten, die notwendigen weiteren Maßnahmen zu ergreifen, die bei einem Problem oder einer Krankheit üblich sind.

Da EM im Kreislauf des Lebens fließen, gibt es mit ihnen kein Müll. Wischwasser kann anschließend zum Gießen im Garten vergossen werden, und Badewasser hilft hinterher, die Abflüsse frei zu halten.
Immer ist zu bedenken, dass EM lebendig, wahrnehmend und kommunikativ sind. Sie haben unsere Liebe und unseren Respekt verdient. Der Umgang mit ihnen bereitet mehr Freude, wenn man sie nicht bloß als eine nützliche Sache betrachtet, als Putz-, Heil- oder Düngemittel, sondern als Mitgeschöpfe auf unserer Erde, die uns helfen, auf einem gemeinsamen Weg bald in eine gesündere Zukunft zu gehen.

29. GARTEN

Effektive Mikroorganismen können im Garten auf den Boden gegossen, an Pflanzen gesprüht und dem Kompost beigegeben werden. Man kann Saatgut mit ihnen präparieren und organische Abfälle mit ihrer Hilfe in Dünger umwandeln. Sie

- bereichern das Bodenleben,
- verbessern die Harmonie der Bodenlebewesen,
- setzen Stoffe um, wodurch aktive Stoffwechselprodukte entstehen, organische Materialien mehr Düngewirkung entfalten und die Bodentemperatur steigt,
- verbessern Bodenstruktur und -stabilität, so dass Nährstoffspeicherfähigkeit, Wasserhaltekapazität und Tragfähigkeit zunehmen,
- ernähren Pflanzen,
- fördern die Wurzelbildung,
- verbessern die Keimfähigkeit von Saaten und verkürzen die Keimdauer,

- steigern die Pflanzengesundheit zu größerer Robustheit gegenüber äußeren Einflüssen,
- fördern Blühtendenz und Fruchtansätze,
- steigern Qualität und Menge geernteter Pflanzen und Früchte,
- verbessern Aroma und Geschmack von Gemüse, Kräutern und Obst,
- verlängern die mögliche Lagerzeit von Früchten und vermögen Krankheiten zu heilen.

EM werden bei bedecktem Himmel oder während des Regens, nicht jedoch bei direktem Sonnenlicht ausgebracht. Die Boden- und Außentemperatur sollte mindestens 6 °C betragen, besser über 8 °C, und der Temperaturunterschied von EM zum Ausbringungsort sollte gering gehalten werden, damit die Mikroorganismen keinen Schock erleben. Gegebenenfalls stellt man die auszubringende Menge EM schon vorher kühl genug. Nachdem sie sich im lebendigen Umfeld eingelebt haben, passen sie sich auch winterlichen Temperaturen an und überstehen dann selbst tiefen Frost.

Möchte man im Winter EM im Garten anwenden, greift man besser auf die energetische Information des EM-Keramikpulvers zurück (s. Kap. 21). Man bringt es in kleinsten Mengen aus.

Wird Keramikpulver einer EM-Lösung zum Ausspritzen beigegeben, muss diese während der Ausbringung zur besseren Verteilung immer wieder aufgemischt werden.

Da EM organisches Material verstoffwechseln, werden sie vorzugsweise mit diesem zusammen ausgebracht, insbesondere dann, wenn von der Fläche Pflanzen oder Früchte geerntet werden. Würde man EM dort allein ausbringen, könnte dies dazu führen, dass vorhandene organische Substanz reichlich verfügbar wird, die gestiegene Erntemenge jedoch irgendwann die Ressourcen im Boden übersteigt und es nach ein paar Jahren zu einer Verlangsamung des

Wachstums kommt. EM plus organisches Material führt hingegen zum Aufbau der Bodenfruchtbarkeit.
Natürlich muss man beim Arbeiten mit EM stets auch die übrigen Grundsätze gesunden Gärtnerns berücksichtigen.
Pflanzenanbau mit EM erfolgt im Einklang mit der Umwelt. Die Erfolge des EM-Einsatzes zeigen sich zum Teil sofort, zum Teil aber auch erst im Lauf einer längeren Anwendungszeit. Immer ist zu berücksichtigen, dass jeder Boden wie alles Lebendige einen dynamischen Prozess darstellt und die gründliche Umstimmung eines Bodens je nach der Ausgangsbeschaffenheit durchaus 2 bis 3 Jahre dauern kann. Die Bodenfruchtbarkeit wird kontinuierlich aufgebaut, und vorhandene Schadstoffe im Boden werden längerfristig abgebaut. Dazu ist eine regelmäßige Pflege mit EM nötig. Die Menge der eingesetzten EM pro Jahr kann im Lauf der Zeit meistens reduziert werden.

Baum pflanzen

350 ml EM je 10 l Wasser,
EM-Bokashi,
EM-Keramikpulver.

1. Pflanzloch einige Zentimeter tiefer ausheben als nötig.
2. Bokashi in den Grund des Pflanzlochs streuen, mit Erde vermischen und bedecken,
3. mit EM-Keramikpulver überpudern und mit EM begießen.
4. Pflanzballen mit EM gründlich einsprühen oder in EM-Lösung eintauchen.
5. Baum einsetzen.
6. Erdreich mit EM-Lösung einschwemmen und dabei etwas EM-Keramikpulver zupudern.

7. Dreimal im Abstand von je 14 Tagen mit 200 ml EM je 10 l Wasser gießen, dann nach Bedarf.
8. Wird ein Baum in einen Boden gesetzt, in dem vorher keine Bäume wuchsen, zum Beispiel in Wiese oder Garten, gibt man zusätzlich Mykorrhiza ins Erdreich, also Wurzelpilze. Sie sind entweder durch die Entnahme von Wurzelboden älterer Bäume derselben Art verfügbar oder in guten Gartengeschäften und Baumschulen erhältlich.

Fördert die Wurzelbildung, sorgt für zügiges Anwachsen, belebt den Boden und verbessert die Mikroben- und Nährstoffversorgung.

Bäume einsprühen

---

100 bis 1000 ml EM je 10 l Wasser pro 10 m^3 Baum oder Strauch.
Die Dosierung ist abhängig von Gesundheit und Bedarf der Pflanzen. Die Verdünnung ist abhängig von der Feuchtigkeit am Anwendungsort. Die Häufigkeit richtet sich nach der äußeren Belastung und dem Gesundheitszustand der Pflanze.

- ⇨ Bei bedecktem Himmel sprühen, im frühen Morgentau, spätabends oder nach Regen, jedenfalls nie bei direkter Sonneneinstrahlung. Beispielsweise je einmal im Frühjahr, einmal in der Hauptwachstumszeit und einmal im Herbst.
- ⇨ Zusätzlich das Laub nach dem Fallen einsprühen.
- ⇨ Bei kranken und schädlingsbefallenen Pflanzen 4- bis 14-täglich anwenden, bis eine Regeneration eintritt.
- ⇨ EM nie in offene Blüten sprühen!
- ⇨ Immer beachten, dass sich Gesundheit und Versorgung der

Pflanze über den Boden entwickeln und dieser gut genährt sein muss.

Stärkt die Robustheit der Bäume und Sträucher, verbessert die Blattgesundheit, reduziert Schädlings- und Pilzbefall und schützt vor mikrobieller Fremdbesiedlung. Unterstützt gleichmäßiges Wachstum von Früchten und fördert nützliche Insekten.

Siehe auch »Obstbäume« (S. 108 ff.) und »Sprühen« (S. 118 f.).

Bäume sanieren

---

1 l EM je 10 l Wasser,
EM-Keramikpulver,
feines Gesteinsmehl.
Die Dosierung und die Häufigkeit der Anwendung richten sich nach Größe und Bedarf des Baumes.

Es gibt folgende Vorgehensweisen, die kombinierbar sind:

- ⇨ Boden unter dem Baum mit EM gießen und gründlich einwässern. Bei dichten Laubbäumen verstärkt im Traufbereich gießen, da dort mehr Feinwurzeln wachsen.
- ⇨ Bokashi als Packung auf die Baumscheibe (Bodenbereich rund um den Stamm) aufbringen und gründlich mit EM gießen. Bei offenem Boden oberflächlich einarbeiten. Anschließend einwässern.
- ⇨ Bokashi in den Wurzelbereich einbringen und eingießen, beispielsweise durch behutsames Bohren von 15 bis 50 cm tiefen Löchern im Kronenbereich (vom Stamm bis zum Traufbereich) rund um den Baum.

- ⇨ Stamm und Krone mit EM tropfnass einsprühen (nicht während der Blütezeit!).
- ⇨ EM-Keramikpulver mit feinem Gesteinsmehl und EM zu einer Paste anrühren und den Stamm damit einstreichen.
- ⇨ Stamm, Krone und Boden mit EM-Keramikpulver einstäuben. Zur besseren Verteilung mit feinem Gesteinsmehl mischen.
- ⇨ Herbstlaub mit EM einsprühen.
- ⇨ Gießwasser mit EM-Keramik informieren.

Belebt den Boden, verbessert die Bodenfruchtbarkeit und Wurzelernährung und stimmt Fäulnisprozesse im Boden um. Führt zu kräftigerem Blattwerk und üppigerer Blüte, macht widerstandsfähiger gegen Schädlinge und gegen Windbruch. Vitalisiert den Baum und bewahrt kranke Bäume vor dem Gefälltwerden. Baumdenkmäler werden gerettet und beleben weiterhin ihre Umgebung.

Beispiel: Sanierung kranker Rosskastanien

- ⇨ Herbstlaub absammeln, wenn möglich häckseln, und mit Gras oder Ähnlichem vermischt zusammen mit EM, Keramikpulver (s. Kap. 21) und Gesteinsmehl maximal verdichtet zu einer Miete aufsetzen (vgl. »Das C:N-Verhältnis«, S. 100 f., und »Bokashi«, s. Kap. 22). Über Winter zu Laubbokashi fermentieren lassen. Die Fermentation unterbricht auch den unerwünschten Vermehrungszyklus der Miniermotte.
- ⇨ Im Frühjahr bei Temperaturen über 10 °C das Laubbokashi aus der Miete im Kronenbereich (vom Stamm bis zum Traufbereich) des Baumes auf oder in den Boden bringen.
- ⇨ Boden unter der Krone, vermehrt im Traufbereich, mit EM gießen. Ein Baum mit einem Stammumfang von beispielsweise 150 cm in 1 m Höhe benötigt pro Gießen etwa 10 l EM in mindestens einer zehnfachen Menge Wasser.

- ➪ In der Wachstumsphase, etwa von Mai bis Ende August, alle 3 Wochen oder in kürzeren Abständen im Traufbereich den Boden mit EM gießen.
- ➪ Beim ersten Gießen, also einmal im Jahr, fermentierten Niemauszug nach unten stehender Rezeptur zufügen.
- ➪ Bei den weiteren Gießungen jeweils Ackerschachtelhalmtee zufügen (s. S. 90). Wenn möglich, damit auch Stamm und Blattwerk einsprühen.
- ➪ Zwischen der Niem- und der Ackerschachtelhalmanwendung mindestens 2 ½ Wochen Zeit verstreichen lassen.

Rezeptur für fermentierten Niemauszug (Menge pro Baum von etwa 1 m Stammumfang):

---

125 ml Wasser,
EM-Keramik (s. Kap. 21),
12,5 ml Zuckerrohrmelasse,
12,5 ml EM
25 g Niempresskuchen.

Die Mengen ergeben sich rechnerisch für 1 Baum; und 12,5 ml (als Circa-Wert) lassen sich nur schwer abmessen. Üblicherweise wird die Mischung für mehrere Bäume hergestellt.

1. Wasser mit EM-Keramik informieren.
2. Melasse in Wasser lösen.
3. EM und Presskuchen hinzufügen und umrühren.
4. Bei konstanter Temperatur zwischen 17 und 20 °C 3 Wochen lang fermentieren lassen (s. a. Kap. 18 und 25).
5. Abseihen.
6. Die Lösung beim Gießen den EM zugeben.
7. Den Trester unter dem Baum verteilen.

Niem stoppt bzw. hemmt unter anderem die Entwicklung der Kastanienminiermotte.

👍 Niem verträgt sich erfahrungsgemäß gut mit der Wirkung der EM.

Zubereitung von Ackerschachtelhalmtee (Mengenangaben pro Baum von etwa 1 m Stammumfang):

---

125 ml Wasser,
EM-Keramik,
20 g getrocknetes Ackerschachtelhalmkraut.

---

1. Wasser mit EM-Keramik informieren.
2. Ackerschachtelhalmkraut im Wasser 12 Stunden lang kalt ausziehen lassen.
3. Anschließend 30 Minuten köcheln lassen, damit sich die Kieselsäure löst.
4. Absieben und abgekühlt den EM zum Gießen beigeben.

Ackerschachtelhalm stärkt die Zellstruktur und hemmt Pilzwachstum.

Bäume versorgen

⇨ Boden mit 200 ml EM je 10 l Wasser bis in die Tiefe durchdringend gießen.

⇨ Darauf achten, dass ausreichend organisches Material im Boden vorhanden ist. Ansonsten Mulchdecke aus fermentiertem Material unter dem Baum ausbringen, beispielsweise Rasenschnitt-Bokashi, oder dünne Mulchdecke aus frischem Material aufbringen und mit reichlich EM begießen.

- ⇨ Im Herbst das gefallene Laub in feuchtem Zustand mit EM pur oder verdünnt begießen oder besprühen.

Fördert die Bodenfruchtbarkeit, sorgt für eine üppige und regenerative Mikrobenbesiedlung im Wurzelbereich, kräftigt den Baum und führt zu saftig-gesundem Laub oder Nadeln.

Siehe auch »Bäume einsprühen« (S. 86 f.), »Bäume sanieren« (S. 87 ff.) und »Obstbäume« (S. 108 ff.).

Baumstammanstrich

EM-Keramikpulver (s. Kap. 21),
feines Gesteinsmehl,
Bindemittel, beispielsweise Molkepulver,
EM pur.

- ⇨ EM-Keramikpulver nach eigener Einschätzung mit mindestens der 20-fachen Menge Gesteinsmehl und etwas Bindemittel gut vermischen und mit EM zu einer Paste anrühren.
- ⇨ An frostfreien, trockenen Tagen zwischen Herbst und Frühjahr auf trockenen Stamm bis zum Kronenansatz auftragen.
- ⇨ Bei frischen Wunden behutsam und dünn aufstreichen.

Sorgt zusätzlich zu allen üblichen Wirkungen eines Stammanstrichs für eine regenerative Mikrobenbesiedlung. Fördert die Wundheilung, schützt vor Pilzwachstum und stärkt das Energiefeld des Baumes. Mildert den Einfluss elektromagnetischer Strahlen auf den Zellstoffwechsel.

Baumstumpf auflösen

- ⇨ So viele Löcher wie möglich tief in den Stumpf einbohren und mit EM pur füllen.
- ⇨ Nach Belieben wiederholen.

Beschleunigt die Zersetzung des Baumstumpfs.

Beet neu anlegen

---

300 ml EM je 10 l Wasser je 10 m^2,
schwarze Plastikplane,
3 bis 4 Monate Geduld.

---

1. Gewünschte Beetgröße abstecken.
2. Außenrand spatentief einstechen.
3. Bei möglichst trockenen Bodenverhältnissen das Gras so kurz wie möglich schneiden. Kurzer Rasenschnitt kann darauf liegen bleiben, größere Mengen Grünmasse sollten Sie abtragen und zum Beispiel zu Bokashi (s. Kap. 22) verarbeiten, das später dem Beet zurückgegeben wird.
4. Fläche mit EM gießen.
5. Folie ausbreiten und in der Außenrandspalte beispielsweise mit Stöckchen fixieren, dann Folie mit Steinen beschweren.
6. Der Lichtentzug lässt die Pflanzen unter der Folie sterben, die abgestorbenen Teile werden dank EM fermentiert und stehen dem Beet später als organisches Material zur Verfügung.
7. Sobald Pflanzen vergehen, die Folie nachspannen, damit sie dicht auf dem Boden aufliegt.
8. Wenn nach etwa 3 bis 4 Monaten alle Pflanzenteile unter der Plane vergangen sind, Plane entfernen.

9. Beet mit EM gießen.
10. Erdreich, ohne es zu wenden, lockern und nach Belieben bepflanzen.
11. Wer ein entsprechendes Verhältnis zu seinen Pflanzen hat, kann den betroffenen unsichtbaren Gartenwesen den Sinn dieses Abtötens und seine Notwendigkeit erklären.

Diese Maßnahme erspart das Abtragen des oberflächlichen Bewuchses mit den Wurzeln und die damit verbundene Störung des Oberbodens.

Beet vorbereiten

200 ml EM je 10 l Wasser auf 5 m^2.

Beetvorbereitung mit EM im Frühjahr

- Sobald die Bodentemperatur über 8 °C gestiegen ist, mit EM gießen. Reste der Winterabdeckung einharken.
- Kompost oder Bokashi aufbringen, mit EM gießen und oberflächlich einarbeiten.

Beetvorbereitung mit EM im Herbst

- Flächendeckend Kompost aufbringen und gründlich mit EM gießen, je nach Außentemperatur 1 bis 3 Wochen ruhen lassen und oberflächlich einarbeiten.
- Vor Anbruch der Kältezeit das Beet mit Mulch bedecken, wenn vorhanden, mit dünner Laubschicht bestreuen und wieder mit EM begießen.
- Bei Bedarf EM-Keramikpulver streuen (s. Kap. 21).

☝ Bokashi hat einen pH-Wert von etwa 4, ist also zu sauer für den direkten Kontakt mit Pflanzenwurzeln (s. S. 69).

Die Maßnahme sorgt für eine gesunde Mikroorganismenbesiedlung im Boden, nährt die Pflanzenwurzeln, fördert das Bodenleben, verbessert die Wasserhaltekapazität und steigert die Bodenfruchtbarkeit. Pflanzen wachsen gesünder auf. Führt im Laufe der Jahre zu einem leichten Temperaturanstieg im Boden, der im Frühjahr tendenziell frühere Saaten erlaubt.

Bodennahrung

Als Bodennahrung kann grundsätzlich jedes reine organische Material gelten. Organisches Material, das als Dünger für Pflanzen verwendet werden soll, wird am besten immer zuvor mit EM versehen. Es bringt sonst unerwünschte Kleinstlebewesen und Fäulnisprozesse in den betreffenden Boden ein, was in der Regel eine Schwächung der Pflanzen, Krankheiten und Schädlingsbefall zur Folge hat. Statt seine Pflanzen zu düngen, bewirkt man dadurch ungewollt ihre Schwächung.
Idealerweise wird das Material bereits beim Entstehen mit EM ausgestattet, das heißt: Küchenabfälle werden gleich in der Küche mit EM besprüht, Tiere mit EM-Futter versorgt und der Kompost mit EM angesetzt. Wenn das nicht möglich ist, kann man Folgendes tun:

⇨ *Kompost:* Den Kompost mit Rasenschnitt-Bokashi, feinem Küchenbokashi oder anderem feinen Bokashi vermengen. Grobe Stücke zerkleinern. Wenn kein Bokashi vorhanden ist, mit EM pur gießen. Je weniger Bokashi vorhanden ist, desto eher braucht man EM zusätzlich. Zu einem Haufen oder einer Miete verdichtet aufschichten. Nach mindestens 3 Wochen Fermentationszeit auf den Boden ausbringen und mit EM gießen. 2 Wochen später erneut mit EM gießen. Pflanzenreste zu Bokashi verarbeiten: s. Kap. 22.

⇨ *Tiermist:* Unter Gießen von 200 ml EM je 10 l Wasser zunächst für mindestens 3 Wochen Dauer gut verdichtet aufstapeln. Anschließend, wiederum unter Gießen mit EM, auf den Boden auftragen. Nur oberflächlich einarbeiten.

Wandelt Fäulnisprozesse in Fermentation um, fördert das Bodenleben und die Stoffumsetzung, sorgt für mikrobielle Stoffwechselprodukte, die Boden und Pflanze nähren. Hemmt Krankheitsprozesse und verhindert die Bildung wurzeltoxischer Verbindungen.

Bokashi im Garten

Da Effektive Mikroorganismen am besten mit organischem Material zusammenwirken, ist Bokashi als Bodennahrung die beste Art, rasch Erfolge beim Gärtnern mit EM zu erzielen.

Allgemeines zur Herstellung von Bokashi:

Alle Zutaten für Bokashi (s. Kap. 22) sollte man weitestmöglich zerkleinern, damit sie ohne Lufteinschlüsse zusammengedrückt werden können. Zur Fermentation benötigt man ein luftdicht verschließbares Gefäß oder einen stabilen Sack, Metallgefäße sind wegen des entstehenden sauren pH-Werts ungeeignet.

Die trockenen Zutaten muss man zunächst miteinander vermengen, bevor Wasser zugegeben wird. Gesteinsmehl als Zutat in Düngebokashi bindet die von den Mikroorganismen während der Fermentation freigesetzten Nährstoffe kolloidal, so dass sie später im Boden besser verfügbar sind. Bei Düngebokashi kann zugegebe-

nes EM-Keramikpulver die Fermentation durch einen zusätzlichen EM-Schwingungsimpuls unterstützen.
Bei nassen Ausgangsmaterialien wie bei Bokashi aus Obst- und Gemüseresten und Speiseabfällen muss für eine Abflussmöglichkeit des entstehenden Sickersaftes gesorgt werden. Dieser kann später als Dünger mit Wasser verdünnt im Garten vergossen oder zur Milieuumstimmung pur in Abflüsse gegeben werden.
Tierische Abfälle, beispielsweise Fleisch, sollte man separat verarbeiten. Ihr hoher Eiweißgehalt fördert das Wachstum eiweißspaltender Bakterien und kann ein Ungleichgewicht hervorrufen, wenn sie nicht ausdrücklich mit kohlenstoffreichem Material gemischt und mit größeren Mengen EM behandelt werden (s. »Das C:N-Verhältnis«, S. 100 f.).

Düngebokashi herstellen (am Beispiel der Verarbeitung von Rasenschnitt)

Die folgende Rezeptur ist auf eine kleine Menge Rasenschnitt berechnet und gibt eine ungefähre Dosierung wieder. Je mehr Rasenschnitt verarbeitet wird, desto geringer ist im Verhältnis die Menge von EM und Melasse, die zugegeben wird. Auf 30 kg Rasenschnitt genügen dann auch je 300 ml EM und Melasse. Der Spielraum, in dem dieses Bokashi gelingt, ist relativ groß.

---

5 kg kurz geschnittener Rasenschnitt,
ebener Untergrund oder Plastikplane als Mischfläche,
5 kg Getreidekleie (erhältlich bei Mühlenbäckern und landwirtschaftlichen Genossenschaften),
100 g feines Gesteinsmehl (erhältlich im Gartenbedarf),
20 g EM-Keramikpulver,
150 ml Zuckerrohrmelasse,
150 ml EM,

heißes und kaltes Wasser,
Gießkanne mit Brausekopf,
Messbecher,
Schaufel zum Mischen,
verschließbare Eimer oder Gläser, zum Beispiel Farbeimer aus dem Malereibedarf.

---

1. Rasen mähen und Schnittgut entweder 2 Tage zum Trocknen liegen lassen oder separat trocknen, zum Beispiel auf einer Plane in der Garage. Achten Sie darauf, dass es wirklich trocknet und nicht anfängt zu faulen. Gegebenenfalls häufig wenden.
2. Angetrockneten Rasenschnitt auf der Plane oder Fläche ausbreiten, Kleie, Gesteinsmehl und EM-Keramikpulver darüberstreuen. Alles gut miteinander vermischen. Die Mischung fasst sich jetzt trocken an. Klumpt man eine Handvoll zusammen, fällt sie beim Öffnen der Hand trocken auseinander.
3. Zuckerrohrmelasse in heißem Wasser auflösen. Mit kaltem Wasser auffüllen, bis die Mischung handwarm ist, keinesfalls über 40 °C.
4. EM hinzumischen und ¼ Stunde stehen lassen, um die Mikroben mit der Melasse vertraut zu machen.
5. Trockenmasse erneut aufmischen. ⅓ der Flüssigkeit über die Trockenmasse gießen. Alles gut mischen. Zweites Drittel darübergießen. Masse nochmals gut mischen. Feuchtigkeitsgehalt überprüfen. Eine zusammengedrückte Handvoll muss nach Öffnen noch gut auseinanderfallen können.
6. Wenn die Masse als Klumpen zusammenbleibt, darf keine Flüssigkeit mehr zugegeben werden. Tropft Wasser heraus, ist sie zu nass. Dann durch Zugabe von Weizenkleie und Rasenschnitt ausgleichen.
7. Restliche Flüssigkeit zugeben. Nochmals gut mischen. Feuchtigkeitsgrad überprüfen.

8. Mischung in dünne Schichten fest in den Eimer einstampfen, so dass kein Luftraum dazwischen verbleibt. Deckel so verschließen, dass keine Grasreste eingeklemmt werden, sonst kann dort Luft eintreten. Deckelrand vielleicht zur Abdichtung noch mit Klebeband zukleben.
9. Eimer in einen warmen Raum stellen, zum Beispiel in einen Heizungskeller. Je nach Raumtemperatur dauert die Reifung 3 bis 7 Wochen. Vorsichtig den Deckel öffnen und Inhalt prüfen. Riecht das Bokashi fruchtig, milchsauer vergoren, ist es fertig. Die Struktur der Zutaten bleibt erhalten, ihr Charakter wurde durch EM verändert. Man kann das Bokashi nach Bedarf verbrauchen, es hält sich unter Umständen jahrelang, ist dafür aber natürlich nicht gemacht. Hat man dem Eimer etwas Bokashi entnommen, bedeckt man die Oberfläche dicht mit einer Plastikfolie, um den Rest vor Luftzufuhr zu schützen.
10. Falls Luft während der Reifung hinzutritt, beginnt die Oxidation, und es entwickeln sich unter anderem Schimmelpilze. Dies führt zum Verderben des Bokashi, was man sieht und meist auch an einem unangenehmen Geruch erkennt. Man kann diese Masse dann mit reichlich EM gegossen einem Kompost zur erneuten Verarbeitung anvertrauen.

Rasenschnitt-Bokashi kann überall im Boden eingesetzt werden. Man kann es beispielsweise dünn wieder über den Rasen streuen, in Beete einarbeiten, den Zimmerpflanzen geben, unter Hecken ausbreiten und beim Bepflanzen von Balkonkästen beimischen.

Die Herstellung von Bokashi verwandelt Rasenschnitt in energiereicheren, vielseitig einsetzbaren Dünger, verhindert sein Faulen und führt ihn in den natürlichen Kreislauf zurück. Es spart Kosten für Biomasse-Entsorgung und Rasendünger.

Bokashi zur Bodenverbesserung ausbringen

Der pH-Wert von Bokashi liegt bei etwa 4, ist also zu sauer für den direkten Kontakt mit Pflanzenwurzeln. Es wird daher nie konzentriert an Pflanzen gegeben, sondern in zeitlichem und/oder räumlichem Abstand. Daher

- arbeitet man das Bokashi mindestens 2 Wochen – je früher, desto besser – vor der Saat oder Pflanzung ein,
- mischt man das Bokashi mit Erde, damit der pH-Wert dem des Bodens entspricht, oder
- man hält mit Saat und Pflanzung ausreichend räumlichen Abstand zum Bokashi.

⇨ Bokashi oberflächlich einarbeiten, und je nach Bedarf anschließend den Boden nochmals mit verdünnten EM gießen.

⇨ Die Menge an Bokashi für einen Boden hängt von der bestehenden Bodenfruchtbarkeit, vom Bedarf der Pflanzen und von der geplanten oder bereits entnommenen Erntemenge ab.

Bokashi besiedelt den Boden mit einer gesunden Mikrobengesellschaft, steigert die Bodenfruchtbarkeit, erhält und erhöht den Energiegehalt pflanzlicher Abfälle, ermöglicht langfristige Konservierung von organischem Material als Dünger und spart Ressourcen.

Futterbokashi

Siehe »Bokashi füttern« (S. 141 ff.).

Das C:N-Verhältnis

Um organische Masse wieder in pflanzenverfügbare Nährstoffe umsetzen zu können, brauchen Mikroorganismen Kohlenstoff, abgekürzt C, und Stickstoff, abgekürzt N. Das Verhältnis beider Stoffe zueinander, »C:N-Verhältnis« genannt, ist ein Anhalt für die Stickstoffverfügbarkeit für Mikroorganismen. Je kleiner die Zahl ist, desto enger ist das C:N-Verhältnis, und umso mehr Stickstoff steht den Mikroben zur Verfügung.

Ab einem Verhältnis über 25 verlangsamt sich die mikrobielle Aktivität, und der vorhandene Kohlenstoff wird nur langsam oder unzulänglich abgebaut. Das bedeutet, dass die für eine Kompostierung oder eine Fermentierung zu Bokashi vorgesehenen organischen Abfälle ein angemessenes C:N-Verhältnis und eine gute Vermischung haben müssen, um mikrobiell gut zu einer echten Bodennahrung verdaut werden zu können. Kohlenstoffe dienen den Mikroorganismen vorzugsweise zur Struktur- und Zuckerbildung, Stickstoffe der Eiweißsynthese. Sind also große Mengen Grünmasse zu verarbeiten, gibt man Laub oder Sägemehl dazwischen. Fallen große Mengen Laub an, mischt man beispielsweise tierischen Mist darunter. Als Anhalt kann die Tabelle »Das C:N-Verhältnis unterschiedlicher organischer Stoffe in der Trockensubstanz« dienen.

Das C:N-Verhältnis unterschiedlicher organischer Stoffe in der Trockensubstanz

Organische Masse	C (Kohlenstoff)	N (Stickstoff)
Harn	0,8	1
Mistsickersaft	2–3	1
Fäkalien, Klärschlamm	6–10	1
Grünmasse	5–15	1
Schwarzerde	5–20	1

Organische Masse	C (Kohlenstoff)	N (Stickstoff)
Mistkompost	10–20	1
Essensreste	12–20	1
Rasenschnitt	10–15	1
Kot landwirtschaftlicher Nutztiere	10–15	1
Stapelmist	10–15	1
Hülsenfruchtstroh	10–20	1
Luzerne/Zwischenfrüchte	15–25	1
Stroharmer Frischmist	20–25	1
Küchenabfälle	20–25	1
Strohreicher Mist	25–30	1
Obst	25–40	1
Schwarztorf	30–40	1
Baumlaub	30–50	1
Getreidekleie	30–50	1
Getreidespelz	50–80	1
Getreidestroh	50–150	1
Gehölzschnitt	100–150	1
Verrottetes Sägemehl	150–250	1
Sägemehl	250–500	1

Gemüse

Boden vorbereiten

⇨ 2 Wochen vor der Einsaat oder Bepflanzung oberflächlich Bokashi einarbeiten, beispielsweise 1 Kilogramm pro m², und mit 200 ml EM je 1 l Wasser auf 10 m² gießen.

Führt dem Boden organische Masse zu, reichert das Bodenleben an, fördert Humusbildung und sorgt für eine reiche Mikrobenflora. Führt zum frühzeitigen Keimen von Beikrautsamen, die vor der Saat untergearbeitet werden können und späteren Unkrautdruck mindern.

Saatgutvorbereitung

⇨ Saatgut kurz vor der Aussaat kurz in 50 ml EM je 1 l Wasser tauchen oder mit EM einsprühen. Kurz anquellen lassen. Zum Aussäen wieder trocknen.

Verkürzt die Keimdauer, erhöht die Keimungsrate, führt zu gleichmäßigerem Auflaufen der Saat. Die regenerative Mikrobengesellschaft unterstützt das Wachstum der Keimwurzel.

Pflanzen

⇨ Setzling in 20 ml EM-Lösung je 1 l Wasser eintauchen, bei Bedarf mit EM-Keramikpulver (s. Kap. 21) einpudern und pflanzen.

Fördert das Anwurzeln, verhindert Fäulnis an verletzten Wurzeln, unterstützt die Mikrobenflora im Boden.

Gießen und Einsprühen

⇨ Mit 200 ml je 10 l Wasser auf 10 m^2 nach Bedarf gießen oder einsprühen, beispielsweise alle 6 Wochen.

Fördert das Bodenleben und das Pflanzenwachstum, gleicht Umweltbelastungen aus und schützt vor Schädlingsbefall.

Vor der Ernte

- ⇨ Mit 200 ml pro 10 l Wasser die gesamte Pflanze einsprühen.

Verlängert die Lagerfähigkeit der Früchte, vermindert Lagerverluste, hemmt Fäulnis bei Ernteverletzungen und an den Ernterückständen.

Ernterückstände

- ⇨ 200 ml je 10 l Wasser über die Ernterückstände auf dem Boden sprühen oder gießen oder alles zu Bokashi verarbeiten.

Fördert die regenerative Umsetzung in organischen Dünger, hemmt Pilzwachstum und verhindert Fäulnis. Mit EM angebautes Gemüse wächst gesünder auf und gibt reichlicheren Ertrag, Krankheits- und Insektenbefall werden reduziert. Wintergemüse kann länger im Freien bleiben und verträgt Kälte auch im Lager besser. Lagergemüse hält seinen Wassergehalt länger bei. Die Verbesserung des Bodens führt zu lockerer Bodenstruktur mit geringerem Unkrautbewuchs. Es werden Arbeitszeit, chemisch-synthetische Hilfsmittel und Geld gespart.

Siehe »Beet vorbereiten« (S. 93 f.) und »Bokashi im Garten« (S. 95 ff.).

Gewächshaus

- ⇨ Vor der Inbetriebnahme im Frühjahr ab konstant über 9 °C liegenden Außentemperaturen alle Gewächshausscheiben einmal mit 30 ml EM je 1 l Wasser putzen.
- ⇨ Kondensationswasserflächen, Decke und Tropfwasserstellen bei Bedarf mit EM einsprühen.
- ⇨ Zum Putzen verschmutzter Stellen: 10 ml EM je 5 l Wasser.
- ⇨ Scharniere und Klappen mit EM pur einsprühen.

Verhindert Schimmel- und Algenbildung auf Folien und Glas, verlangsamt die Wiederverschmutzung auf den Flächen und reduziert Krankheitsdruck für die Pflanzen. Beugt Rostansatz auf Metallteilen vor.

✋ Auf Kunststofffolien EM nicht pur anwenden, da sie diese auf Dauer andauen könnten.

Boden- und Pflanzenbehandlung: s. z. B. S. 94 f., S. 110 ff.

Gießen

Grundsätzlich kann alles, was wächst, mit 100 bis 400 ml EM je 10 l Wasser gegossen werden, wenn man die Grundsätze der EM-Anwendung beachtet (s. Kap. 12). Wie oft und wie viel man gießt, richtet sich nach der Bodenbeschaffenheit, der Menge an verfügbarer organischer Masse, dem Bewuchs und der gewünschten Wirkung.
Gießwasser mit EM sollte immer kurzfristig verbraucht und nicht in Wärme oder der prallen Sonne ausgesetzt länger stehen gelassen werden.

- ⇨ Eine Standardmenge ist 200 ml je 10 l Wasser auf 10 m^2 Boden: Je nach Pflanze und Bodenqualität in der Entwicklungsphase alle 4 bis 6 Wochen mit EM gießen.
- ⇨ Bei der allerersten Anwendung kann mit einer größeren Menge EM gegossen werden, um die Umstimmung eines möglicherweise unsichtbar vorhandenen Fäulnismilieus zu bewirken (s. »Dominanzprinzip«, S. 32 f.).
- ⇨ Man gießt bei bedecktem Himmel, während es regnet oder abends.
- ⇨ Die Gießintervalle können nach Bedarf gewählt werden, im üb-

lichen Blumengarten beispielsweise vier- bis sechsmal zwischen Frühjahr und Herbst. Nach etwa 3 Jahren ist der Boden gewöhnlich so gut aufgebaut, dass zweimaliges Gießen genügt. Dies kann an der Pflanzengesundheit abgelesen werden. Wo üppige gesunde Pflanzen gedeihen, sind EM nur zum Ausgleich von Umweltbelastungen und zum Einarbeiten frischer organischer Materialien erforderlich.

⇨ Möchte man die Bodenfruchtbarkeit zügig aufbauen, gibt man viel organisches Material und viele EM. Je mehr Wachstum oberirdisch stattfindet, desto mehr Nährstoffe werden benötigt und umso mehr EM und organisches Material können gegeben werden.

Bereichert die Mikrobenvielfalt im Boden, vermehrt die Zahl der Bodenlebewesen, fördert die Umwandlung von Bodenbestandteilen in pflanzenverfügbare Verbindungen. Beugt Einseitigkeiten wie Pilzvermehrung vor, reguliert Schädlings- und Schneckenfraß, stabilisiert den Boden und stärkt ihn gegenüber Milieuschwankungen. Verbessert Krümelstruktur, Wasser- und Nährstoffspeicherfähigkeit, Tragfähigkeit und Pufferkapazität.

👍 Es gibt für großflächiges Ausbringen Gefäße, die, an den Gartenschlauch angesetzt, EM dosiert dem fließenden Wasser zuführen.

Hecke

---

200 ml EM je 10 l Wasser.

Hecke pflanzen

Siehe »Baum pflanzen« (S. 85 f.).

Hecke pflegen

- Boden unter der Hecke in Frühjahr und Herbst mulchen, beispielsweise mit Rasenschnitt-Bokashi, und mit EM gießen. Wenn möglich, oberflächlich einarbeiten. Hecke mit EM einsprühen, besonders an der einer Straße zugewandten Seite.
- Bei salzbelasteten Straßenhecken im Frühjahr gleich nach der ersten Bodenerwärmung Boden und betroffene Strauchteile gründlich mit EM gießen, bis zum Ende der Salzwasserbelastung bis zu zweimal wöchentlich wiederholen.

Hecke schneiden

- Will man das Schnittgut anschließend häckseln und fermentieren, sollte man es bereits vor dem Schneiden einsprühen.
- Nach dem Schneiden alle Schnittflächen baldmöglichst tropfnass einsprühen. Größere Wunden mit EM-Baumanstrich schließen (s. S. 91).

Fördert das Wachstum, stärkt den Boden und die Pflanzen und neutralisiert Versalzung. Fördert die Regeneration von Schnittstellen, unterstützt dichtes Nachwachsen, bietet Vögeln einen mikrobiell angenehmen Lebensraum und schützt vor Fäulnis.

Kompost

- Kompost mit EM wird anaerob geführt, also luftarm, er wird maximal verdichtet und gut durchfeuchtet aufgestapelt und nicht umgeschichtet. Zur optimalen Fermentation wird eine Materialmischung mit einem C:N-Verhältnis von 15:1 bis 25:1 angestrebt (s. S. 100 f.).
- Jede Schicht Kompostmaterial mit EM besprühen oder begie-

ßen. Die Verdünnung richtet sich nach dem Wassergehalt des Materials, die Menge nach dessen Beschaffenheit. Bei starker Sonnenlicht- und Windexposition mit einem Vlies abdecken. Entweder durch einfaches Daraufsteigen und Feststampfen oder, bei Kompostmieten, maschinell schichtweise verdichten.

⇨ Die Reifezeit beträgt abhängig von Temperatur, Zusammensetzung und Jahreszeit wenige Wochen bis Monate. Das Volumen des Kompostes bleibt weitgehend bestehen.

Verhindert Erhitzung und dadurch das Absterben humusfördernder Mikroorganismen, das Entweichen gasförmigen Stickstoffs und einen Energieverlust. Verhindert unangenehme Gerüche. Fermentiert das Material, auch Unkrautsamen, deren Keimfähigkeit dadurch gelöscht wird. Sorgt für Einbringung einer lebensförderlichen Mikrobengemeinschaft und deren Stoffwechselprodukte mit dem Kompost in den Boden. Verkürzt die Reifezeit und spart Arbeit.

Gesteinsmehl, fein über die Schichten gestreut, bindet während der Fermentation freigesetzte Ionen und vergrößert die innere Oberfläche.

Mulchen

⇨ Boden mit 200 bis 250 ml EM je 10 l Wasser auf 10 m^2 gießen, Mulchmaterial aufbringen, mit EM begießen.

⇨ Beim Mulchen mit Bokashi genügt das Begießen, und zwar im Zeitabstand von mindestens 2 Wochen.

⇨ Im Herbst alle offenen Beetflächen mit einer Mulchpackung aus fermentiertem Material und Laub abdecken und mit EM begießen.

Verhindert Faulen des Mulchmaterials und hemmt unerwünschte Verpilzung, fördert die Verrottung und setzt mikrobielle Stoffwechselprodukte für die Wurzelernährung frei. Ermöglicht das Mulchen mit mehr Material pro Fläche, neutralisiert Schadstoffe im Mulchmaterial und bereichert den Boden mit einer regenerativen Mikrobengesellschaft. Unterstützt die Mikrobenflora von Regenwürmern und Bodenfauna.

Obstbäume

---

200 ml EM je 10 l Wasser.
Die Verdünnung sollte nicht unter 3 Prozent liegen, also nicht mehr als 300 ml EM auf 10 l betragen.
10 g EM-Keramikpulver auf 100 m^2 Bodenfläche oder 3 m^3 Kronenvolumen.
Der Umfang der Anwendungen richtet sich nach den jeweiligen Gegebenheiten. Im ersten Jahr werden erfahrungsgemäß viele EM benötigt, während sich im Laufe der Jahre bei regelmäßiger Anwendung das Ausmaß reduziert.

Im Frühjahr

- ⇨ Nach Frostende bei über 8 °C Bodentemperatur den Boden im Traufbereich mit EM durchdringend gießen, Mulchmaterial aufbringen, mit EM übergießen. EM-Baumanstrich (s. S. 91) anbringen.
- ⇨ Je nach Bedarf zwei- bis viermal im Abstand von 3 bis 4 Wochen gießen.
- ⇨ Je nach Pflanzengesundheit EM beispielsweise drei- bis viermal im Abstand von circa 2 Wochen im Frühjahr und während der Hauptwachstumsphase einsprühen, darunter einmal direkt nach dem Baumschnitt.

✋ Nicht in offene Blüten sprühen!

Bei Pilz- und Schädlingsbefall

- ⇨ Den Boden zusätzlich ernähren, beispielsweise durch Einbringen von Bokashi, und mit EM gießen. EM-Keramikpulver auf den Boden aufstreuen.
- ⇨ Den ganzen Baum mit einer höheren EM-Dosierung häufiger, beispielsweise alle 4 Tage, tropfnass einsprühen, bis die Regeneration eintritt. EM-Keramikpulver der Lösung zugeben oder anschließend mit feinem Gesteinsmehl gründlich vermischt in die betroffenen Bereiche einpudern. Dabei beachten, dass die Blattoberflächen nicht damit verkleben.
- ⇨ Es ist erfahrungsgemäß möglich, EM und Molke zusammen als Blattschutzmittel auszubringen.

Im Sommer oder Herbst

- ⇨ Vor der Ernte den Baum mitsamt den Früchten mit EM einsprühen.
- ⇨ Den Boden mit EM gießen, Mulchmaterial aufbringen, mit EM übergießen.
- ⇨ Später das gefallene Laub mit reichlich EM gießen.
- ⇨ Obstlager und Arbeitsgeräte mit EM einsprühen und reinigen.

Verbessert die Baumgesundheit, gibt Blättern üppigeres Grün, vermehrt Blüten- und Fruchtansatz. Gibt Früchten gleichmäßigere Größe, Robustheit gegenüber Witterungseinflüssen und mehr Aroma, höheren Zuckergehalt und Gesundheit bis zur Erntereife. Erhält ihre Vitalität bei Lagerung länger und lässt sie gesünder zum Verzehr sein. Beugt Schimmel und Fäulnis vor. Fördert ein gesundes Verrotten des Laubs und hemmt den Eintrag von Pilzen aus der Luft in den Boden.

- Immer darauf achten, dass genügend organisches Material zur Umsetzung durch die Mikroorganismen zur Verfügung steht und dass die Versorgung des Bodens mindestens der Menge an geernteten Früchten entspricht.

Siehe auch »Baum pflanzen« (S. 85 f.), »Bäume sanieren« (S. 87 ff.), »Baumstammanstrich« (S. 91), »Mulchen« (S. 107 f.) und »Gießen« (S. 104 f.).

Pflanzen setzen

Alle neu zu pflanzenden Blumen, Stauden und Sträucher wachsen besser an und schließen ihr Wurzelwerk besser an die neue Umgebung an, wenn EM im Erdreich sind. Idealerweise hat man den Boden bereits langfristig zuvor mit EM und organischem Material versorgt. Wenn nicht, gräbt man das Pflanzloch größer als nötig, gibt in den Untergrund und um den Ballen herum EM-Kompost oder Bokashi, darauf Erde und gießt alles durchdringend mit verdünnten EM an. Der Wurzelballen wird umfänglich mit EM eingesprüht oder vorher in EM-Wasser getaucht. Zusätzlich kann EM-Keramikpulver eingestreut werden (s. Kap. 21).

- Bei kleinen Pflänzchen das Beet mindestens 2 Wochen vor dem Setzen vorbereiten, indem 200 bis 400 ml EM pro 10 l Wasser und Bokashi in die Erde oberflächlich eingemischt werden. Nach dem Setzen mit 200 ml EM je 10 l Wasser mit einer Brause gründlich angießen.
- Pflänzchen, die nicht bereits in EM-Erde aufgezogen wurden, also in der Regel gekaufte Pflanzen, zunächst in EM-Quarantäne nehmen, bevor sie in den Boden gepflanzt werden.
- Dazu die Töpfchen in eine größere Kiste mit Erde stellen und

für mindestens 10 Tage gründlich mit 30 bis 40 ml EM je 1 l Wasser gießen. Je länger vorgezogene Pflanzen bereits im Fäulnismilieu aufgewachsen sind, desto länger dauert unter Umständen der Umstimmungsprozess.

Beugt dem Einbringen von Fäulnis in das Beet vor, verkürzt die Einwurzelzeit, reduziert Schneckenfraß und steigert die Überlebenschancen der Pflanzen. Verhindert Fäulnis an verletzten Feinwurzeln, fördert die Pflanzengesundheit und mindert das Risiko der Einwurzelschwäche.

Pflanzenschutz

Eine Pflanze ist dann am besten »geschützt«, wenn sie gesund aufwächst. Sie wächst gesund auf, wenn ihre Wurzeln optimale Lebensbedingungen haben. Daher findet Pflanzenschutz vorzugsweise in der Versorgung und Pflege des Bodens statt. Auch der passende Standort und eine angemessene Pflanzengesellschaft sowie die Einstellung des Gärtners zur Pflanze gehören streng genommen zum Pflanzenschutz.
Werden Pflanzen aus Samen gezogen, die von Pflanzen stammen, welche bereits mit EM aufwuchsen, werden sie erfahrungsgemäß von Generation zu Generation gesünder.
Solange der Boden sich mikrobiell noch nicht stabilisiert hat oder wenn belastende Umwelteinflüsse auszugleichen sind, kann man die Pflanze zusätzlich oberirdisch mit EM versorgen.
Die Menge und Häufigkeit richten sich nach der jeweiligen Störung und sind individuell zu entscheiden, zum Beispiel:

- EM prophylaktisch alle 14 Tage auf die gesamte Pflanzen sprühen (s. S. 118 f.), bei Erkrankung häufiger, im Extremfall alle 2 Tage.

- ⇨ Zusätzlich mit EM-Keramikpulver einstäuben.
- ⇨ Je nach Problem mit Pflanzengärsaft (s. Kap. 25) gießen oder einsprühen.

Besiedelt alle Oberflächen mit regenerativen Mikroorganismen, gleicht Einseitigkeiten wie Pilzbefall aus, neutralisiert Schadstoffe, harmonisiert den Lebensraum, stärkt die Pflanze und vermindert den Einfluss von Fremdem.

Pflanzerde

Zugekaufte Erde wurde in der Regel gedämpft, das heißt bei 180 bis 200 °C teilsterilisiert. Da ihre mikrobielle Wiederbesiedlung meist mit oxidativen Luftmikroben erfolgt, trägt sie in der Regel Fäulnisprozesse in den Verwendungsort ein. Man kann sie vor der Verwendung

- mit 1 l EM pur je 20 l Pflanzerde,
- mit 1 l feinem Bokashi je 20 l Pflanzerde oder
- 1:1 mit bereits EM-versorgter Erde

jeweils sehr gründlich vermischen und im geschlossenen Sack, Bottich oder auf einem abgedeckten Haufen, jedenfalls anaerob je nach Wärme 3 bis 4 Wochen lang ruhen lassen. Zur gleichmäßigen Verteilung können die EM auch hineingesprüht werden. Ist die Erde sehr trocken, verdünnt man die EM mit Wasser. Das Wasser kann vorher mit EM-Keramik informiert werden.
Alles organische Material von außerhalb des Gartens wie Mist oder Kompost kann auf diese Weise mikrobiell umgestimmt werden, bevor es mit Pflanzen in Berührung kommt.

Beugt dem Einbringen von Fäulnisimpulsen in Beet, Töpfe und Kästen vor, bereichert und harmonisiert das Bodenleben. Verhindert Fäulnis an verletzten Feinwurzeln von Jungpflanzen, sorgt für gute Keimfähigkeit von Saaten und fördert die Pflanzengesundheit.

Rasen

Anlegen einer neuen Rasenfläche

1. Wenn vorhanden, feines Bokashi (s. S. 95 ff.) mindestens 1 bis 2 Wochen vorher dünn in die Erde einharken.
2. Gesteinsmehl mit EM-Keramikpulver vermischen und so ausbringen, dass circa 80 g Keramikpulver auf 10 m^2 Rasen gelangen.
3. Saatgut mit EM pur dünn einnebeln, sehr gründlich durchmischen, kurz einwirken lassen, trocknen und direkt aussäen.
4. Mit 200 ml EM je 10 l Wasser pro 10 m^2 angießen.

Rasenpflege

⇨ Den Rasen mit organischem Material versorgen, und dazu entweder
  - Rasenmäher mit Mulchfunktion einsetzen und den Rasenschnitt liegen lassen,
  - Rasenschnitt-Bokashi (s. S. 96 ff.) ausstreuen,
  - feines Bokashi ausstreuen oder
  - fein gesiebten Kompost verteilen.

⇨ Erstmalig mit 200 ml EM je 10 l Wasser pro 10 m^2 gießen.

⇨ Gesteinsmehl mit EM-Keramikpulver vermischen und so ausbringen, dass circa 80 g Keramikpulver auf 10 m^2 Rasen gelangen.

⇨ Flecken und Mangelstellen im Rasen 14-täglich bis monatlich lockern und mit EM und organischem Material versorgen, bis das Wachstum wiederkommt.

⇨ Es kann sein, dass solch eine einmalige Behandlung je nach Bodenbeschaffenheit langfristig ausreicht.

⇨ Nach jedem Vertikutieren mit EM gießen.

Rasenschnitt

⇨ Bei geringer Wuchshöhe den Rasenschnitt direkt als feinen Mulch liegen lassen. Bei Bedarf mit 50 ml auf 10 m² Rasenfläche mit Wasser verdünnt einsprühen oder gießen.

⇨ Während der Hauptwachstumsphase, wenn nicht aller Rasenschnitt auf der Fläche verbleiben kann,
- entweder als dünne (!) Mulchdecke auf Freiflächen im Garten ausstreuen und mit EM begießen,
- zu Rasenschnitt-Bokashi verarbeiten (s. S. 96 ff.) oder
- mit Laub oder Sägespänen gemischt (s. »Das C:N-Verhältnis«, S. 100 f.) sowie mit EM begossen als Kompost stapeln.

Fördert das Wurzelwerk, stärkt das Graswachstum und verbessert das Keimen von Jungrasen. Sorgt für einen gleichmäßigen und dichten Rasen, bringt Moos und magere Stellen zum Verschwinden. Führt Rasenschnitt als Dünger in den natürlichen Kreislauf zurück und spart Kosten für Rasenschnittentsorgung und Rasendünger. Reduziert das Infektionsrisiko bei Verletzungen auf Sportrasen und bringt mehr Freude am Grün.

Regentonne

Wegen ihrer Exposition an der Luft ist es nicht sinnvoll, flüssige EM in die Regentonne zu geben und darin dauerhaft zu belassen. Dies

würde je nach Menge zu einem Ungleichgewicht führen. Man kann EM dann direkt in die Regentonne geben, wenn man sie anschließend zum Gießen vollständig entleert.
Ist das Wasser in einer Regentonne beispielsweise aufgrund von Wärme veralgt und kann es wegen Wassermangels nicht ausgetauscht werden, helfen flüssige EM zu seiner Klärung (s. S. 124).

- ⇨ Im Frühjahr vor der Befüllung mit verdünnten EM auswaschen und trocknen lassen.
- ⇨ Während der Nutzungszeit das Wasser dauerhaft mit EM-Keramikröhrchen oder Ringen informieren. Man kann die Röhrchen aufgeknüpft lotrecht an einer Schnur ins Wasser hängen, damit die Wirkung gleichmäßig in der Tonne ausgebildet wird.
- ⇨ Die Menge der Röhrchen ist von der Ausgangsqualität des Wassers abhängig. Bei ländlichem Regenwasser beispielsweise 40 Röhrchen in eine 200-l-Tonne.

Verbessert die Qualität des Regenwassers, vermindert Algenansatz in der Tonne und erhält das Wasser auch bei Wärme stabil. Unterstützt beim Gießen Bodengesundheit und Pflanzenwachstum.

Rohboden

Rohboden, beispielsweise solcher, der um einen Neubau herum aus Fremdboden aufgeschüttet wurde, lässt sich mit EM auf folgende Weise kurzfristig fruchtbar machen:

1. Boden mit 300 ml EM verdünnt in Wasser je 10 m^2 gießen.
2. Gründüngung säen, beispielsweise Phacelia oder Senf, dabei das Saatgut mit EM präparieren (s. S. 116 f.).

3. Gründüngung im Winter abfrieren lassen.
4. Im Frühjahr etwa 5 cm dick tierischen Mist auftragen, beispielsweise Pferdemist.
5. Stammt der Mist nicht bereits von Tieren, die mit EM gefüttert wurden: Bei Bodentemperaturen über 8 °C mit 250 ml EM pro 10 l Wasser auf circa 8 m^2 begießen.
6. Danach in jedem Fall nach frühestens etwa 3 Wochen mit 250 ml EM pro 10 l Wasser auf circa 8 m^2 begießen.
7. Direkt anschließend gründlich oberflächlich einarbeiten, beispielsweise mit einer Gartenfräse.
8. Einsäen und walzen oder bepflanzen.

Ermöglicht raschen Aufbau von Bodenfruchtbarkeit, bildet Bodenstruktur und zerkleinert Klumpen, bereitet den Boden für die Vegetation vor, ermöglicht zügiges Einwurzeln und vermeidet Pflanzverluste.

👍 Es lohnt sich, zugunsten einer solchen Vorbereitung des Bodens eine Bepflanzung auf die kommende Vegetationszeit zu verschieben, da dadurch die Pflanzen langjährig robuster und gesünder aufwachsen.

Saatgut vorbereiten

- Direkt vor der Aussaat das Saatgut je nach Größe mit 50 ml EM je 1 l Wasser übersprühen oder kurz darin baden.
- Sie können auch in feines Tuch, beispielsweise einen alten Nylonstrumpf, eingebunden kurz in EM getaucht werden.
- Anschließend kleinere Samen so weit trocknen, dass sie sich angemessen locker ausstreuen lassen.

Sorgt für eine gesunde mikrobielle Imprägnierung, schützt vor Auflaufkrankheiten, gibt einen regenerativen Impuls in das Saatbett, erhöht die Keimungsrate und fördert die Keimwurzel- und Sprossentwicklung.

✋ Lässt man Saaten zu lange in EM liegen, beginnen die Mikroorganismen, sie anzudauen. Das ist nützlich, wenn man Erbsen oder Bohnen für eine Mahlzeit kochen will, nicht jedoch für eine Aussaat.

Säen

⇨ Das Saatgut und die Erde mit EM vorbereiten: s. »Saatgut vorbereiten« (S. 116 f.) und »Beet vorbereiten« (S. 93 f.).
⇨ Mit EM präparierte Samen in mit EM vorbereiteten Boden säen.
⇨ Die Aussaat anschließend mit EM angießen (s. S. 104 f.).

Verbessert den Saaterfolg.

Schnecken regulieren

Für die Bekämpfung von Schnecken gilt dasselbe wie für die Bekämpfung von Bakterien: Sie zu töten macht weder Spaß noch bringt es den erwünschten Erfolg.
Die Aufgabe von Schnecken ist es, faulende Tier- und Pflanzenteile und tierische Exkremente zu verdauen und dadurch in fruchtbare Erde zu verwandeln. Eine Überzahl von Schnecken zeigt ein mikrobielles Ungleichgewicht im Garten an, in dem Fäulnis überwiegt und in dem Pflanzen nicht gut gedeihen. Werden beispielsweise verletzte Würzelchen frisch gesetzter Pflanzen im Boden von Fäulnis-

mikroben besiedelt, verströmen sie einen feinen Fäulnisduft, der Schnecken anlockt.
Schnecken sind daher ein Indikator für die Gesundheit eines Gartens. Durch Gießen mit EM (s. S. 104 f.), Verarbeitung organischen Materials zu Bokashi (s. Kap. 22), Vermeiden des Einbringens degenerativen organischen Materials (s. Kap. 3) und eine mikrobenfreundliche Milieupflege kann sich der Bestand von selbst auf ein gesundes Maß regulieren.

Sprühen

Möchte man die oberirdische Vegetation mit EM versehen, versprüht man EM am besten. Dadurch wird eine feinstmögliche und gleichmäßige Verteilung sichergestellt.
Um Wasser zu sparen, sprüht man am angenehmsten, wenn es draußen nass ist, also nachdem es geregnet hat, während feinen Regens oder in die Taunässe.
Die Menge der EM ist abhängig von Gesundheitszustand und Bedarf des Biotops. Die Verdünnung ist abhängig von der Feuchtigkeit am Anwendungsort. Die Häufigkeit richtet sich nach äußeren Belastungen und dem Gesundheitszustand der Vegetation.
Zur allgemeinen Belebung des Gartens kann man 300 bis 1000 ml EM in eine 5-l-Rückenspritze mit Wasser geben, behutsam unterrühren und großflächig im nassen Garten versprühen.

☝ Niemals bei direkter Sonneneinstrahlung sprühen. Und nicht in blühende Fruchtpflanzen hineinsprühen, weil ein Verkleben der Blüten die Befruchtung blockiert. Dann behutsam darüberregnen lassen oder nachts sprühen, wenn die Blüten geschlossen sind.

- In Obstbau und Landwirtschaft wird maschinell gesprüht. Der Düsendruck darf 3 bar nicht überschreiten, weil sonst die Außenhäute der Mikroorganismen verletzt werden und ein Teil von ihnen abstirbt.

- Fügt man der Sprühlösung EM-Keramikpulver zu, ist darauf zu achten, dass die Lösung regelmäßig aufgemischt wird, da sich das Keramikpulver am Grund einer wässrigen Lösung absetzt.

Sorgt für eine harmonische Mikrobenflora auf der Vegetation, belebt den Garten, gleicht Schadstoffeinträge aus der Luft aus und neutralisiert Toxine. Gleicht Mikrobenmangel aus, schützt vor mikrobieller Fremdbesiedlung, hemmt Schädlings- und Pilzvermehrung und unterstützt die gesunde mikrobielle Besiedlung von Insekten und Vögeln.

Sträucher

Strauch pflanzen

Siehe »Baum pflanzen« (S. 85 f.).

Sträucher pflegen

- Boden unter dem Strauch im Frühjahr und im Herbst mulchen, beispielsweise mit Rasenschnitt-Bokashi (s. S. 96 ff.), und mit 200 ml EM je 10 l Wasser gießen. Wenn möglich, flach einarbeiten.
- Einmalig mit 80 g EM-Keramikpulver (s. Kap. 21) pro 10 m^2 Fläche bestäuben.

Bei Krankheit oder zur Prophylaxe

- ⇨ Den gesamten Strauch mit EM einsprühen oder betroffene Strauchteile tropfnass mit EM übergießen, in akuten Fällen täglich, sonst 8- bis 14-täglich wiederholen.
- ⇨ Zur Intensivierung kann dazu die Verdünnung bis auf 100 ml EM je 1 l Wasser konzentriert werden.
- ⇨ Immer gleichzeitig für gute Bodennahrung sorgen (s. S. 94 f.).

Strauchfrüchte ernten

- ⇨ Sammelgefäße mit EM auswaschen.
- ⇨ Bei Fruchtsträuchern vor Erntebeginn die fruchttragenden Teile mit 50 bis 100 ml EM je 1 l Wasser einnebeln (nicht bei Sonneneinstrahlung!).

Strauch schneiden

- ⇨ Will man das Schnittgut anschließend häckseln und fermentieren, bereits vor dem Schneiden einsprühen.
- ⇨ Nach dem Schneiden alle Schnittflächen tropfnass einsprühen.
- ⇨ Bei sensiblen Sträuchern stärker verdünnen und mehrfach wiederholen.

Fördert das Wachstum, stärkt Boden und Pflanzen, beugt Bodenverhärtung vor, vergrößert Blühfreudigkeit und Fruchtansatz. Imprägniert die Früchte für eine optimale Lagerfähigkeit oder Verarbeitung, erhöht den Zuckergehalt und beugt Schimmel vor. Fördert die Regeneration von Schnittstellen, unterstützt dichtes Nachwachsen und verlängert die Lebenszeit von Nutzsträuchern.

Wiese

160 bis 500 l EM pro ha und Jahr. Die Menge ist abhängig von Art und Intensität der Nutzung.
Die Verdünnung beträgt mindestens 1 Teil EM auf 10 Teile Wasser und dient der gleichmäßigen Verteilung.
Die Bodentemperatur sollte mindestens 9 °C betragen.

- ⇨ Auf mehrere Gaben im Jahr verteilen und möglichst zusammen mit organischer Masse geben, beispielsweise:
  - im Frühjahr mit dem Gülle-, Jauche- oder Mistausbringen,
  - im Sommer bei Viehweiden mit dem Mulchen, bei Heuweiden während oder nach Einfahren des Schnitts und
  - im Herbst beim Gülle-, Jauche- oder Miststreuen oder mit dem Mulchschnitt.
- ⇨ Vor dem Ausbringen von Gülle oder Jauche EM pur in diese einmischen.
- ⇨ Wurden Stalltiere und Stall in ausreichender Menge regelmäßig mit EM versorgt (s. »Futter«, S. 145 f., und »Mistbehandlung«, S. 154), brauchen dem auszufahrenden Stallmist nur wenige oder keine EM mehr zugefügt zu werden. Dies kann man meist an Konsistenz und Geruch ablesen.
- ⇨ Auf Viehweiden können Geilstellen und freigetretene Flächen rund um Futtertraufen zusätzlich mit EM eingesprüht werden.
- ⇨ Mehrfach wiederholen.

Fördert das Bodenleben, bereichert die Pflanzenvielfalt, verbessert die Nährstoffaufnahme im Wurzelbereich und erhöht die Düngewirkung. Beschleunigt die Umsetzung tierischer Ausscheidungen zu Bodennahrung, reduziert deren Ammoniakbildung und schützt das Grundwasser. Vergrößert die Wasserhaltekapazität, sorgt für eine dichtere Grasnarbe und verbessert die Futter- und Heuqualität. Neutralisiert Toxine, redu-

ziert Fliegen- und Parasitenbesatz bei Weidetieren und mindert das Risiko von Huf- und Klauenerkrankungen.

Wintervorbereitung

Blumenzwiebeln

- ⇨ Blumenzwiebeln vor dem Setzen kurz in 50 ml EM je 1 l Wasser tauchen.

Fördert das Einwurzeln, schützt vor unerwünschter Fremdbesiedlung.

Boden

- ⇨ Auf den Boden vor Abkühlung unter 10 °C eine Mulchdecke aufbringen und 250 ml EM auf 10 l Wasser je 10 m² Boden gießen (s. »Beet vorbereiten«, S. 93 f.).
- ⇨ Den Winter über ruhen lassen.

Hält die Bodenwärme, schützt vor Austrocknung und verhindert Fäulnis.

Folien

- ⇨ Folien, mit denen Pflanzen vor dem Winter bedeckt oder eingepackt werden, zuvor auf der Innenseite mit 300 ml EM je 1 l Wasser einnebeln und trocknen lassen.

Verhindert Fäulnis bei Kondenswasserbildung, stärkt die Robustheit.

Gartengeräte

⇨ Gartengeräte mit einem in EM pur getauchten Lappen abwischen.

Verhindert Rostansatz.

Obst- und Gemüselager

⇨ Obst- und Gemüselager mit gering verdünnten EM einsprühen. Die Verdünnung richtet sich nach der vorhandenen Feuchtigkeit.

Verlängert die Lagerfähigkeit, reduziert Flüssigkeitsverlust, verbessert die Luftqualität im Lagerraum, verhindert Fäulnis und hemmt Schimmelbildung.

Wurzelknollen

⇨ Wurzelknollen von Pflanzen, die über den Winter frostfrei gelagert werden, vor dem Einlagern mit EM pur dünn einsprühen.

Schützt die Knollen, verhindert Fäulnis und hemmt Schimmelbildung.

30. WASSER

Jedes natürliche Wasser, auch Quell-, Mineral- und Grundwasser sowie Leitungs- und Flaschenwasser, ist mikrobiell belebt, selbst wenn diese Mikroorganismen nicht gleich erkennbar und nicht alle auf gewöhnliche Weise kultivierbar sind. Da alle Mikroorganismen ihrerseits Plasmawasser enthalten, spielt Wasserqualität auch für das Leben der EM selbst eine Rolle.

Effektive Mikroorganismen können Wasser auf folgende Weise verbessern:

- EM in flüssiger Lösung verstoffwechseln Partikel wie Schmutz, organische Verbindungen und Gifte im Wasser und klären es dadurch.
- Sie gehen in Kontakt mit den winzigen Mikroorganismen im Wasser und sorgen für eine Harmonisierung des Miteinanders.
- Sie können in Form der EM-Keramik als Röhrchen oder Ringe, die im Wasser sind, als Durchflussrohr oder als Gefäß das Wasser beleben und seine Qualität verbessern (s. Kap. 21). Mit EM-Keramik informiertes Wasser wird wie gesagt »EM-Keramik-Wasser« genannt.

Wo Wasser rein ist und eine natürliche gute Qualität hat, ist kein Einsatz der EM oder der EM-Keramik erforderlich.

Aquarien

Jedes Aquarium ist mit seinen Pflanzen und Tieren ein individueller Gesamtorganismus und bedarf daher einer sorgfältig abgestimmten Einzelbehandlung. Man verwendet entweder die EM-Stammlösung oder mit weniger Melasse als sonst angesetzte EMa. Man kann wie folgt vorgehen:

⇨ Erstmalig gibt man 1 ml EM je 1 l ins Wasser, bei Aquarien ohne Pflanzen weniger. Je empfindlicher Vegetation und Fische sind, desto behutsamer vorgehen.

⇨ Bei jedem weiteren Wasserwechsel 0,5 ml EM je 1 l Wasser zugeben.

⇨ Fischfutter mit 5 bis 10 ml EM pro 100 ml Wasser besprühen.

- ⇨ Zubehör mit 20 ml EM je 1 l Wasser reinigen. Oder in einem Eimer mit etwa 50 bis 100 ml EM je 1 l Wasser mehrere Stunden lang einweichen, abwischen und lufttrocknen lassen.
- ⇨ 1 bis 10 EM-Keramikröhrchen je 1 l Wasser lose oder auf eine Angelschnur aufgeknüpft auf dem Grund verteilen, möglichst dicht in Kontakt mit dem gepumpten Wasser. Je nach Belastung alle 6 bis 12 Monate austauschen.
- ⇨ EM-Keramikröhrchen dem Filter zugeben bzw. einen Teil der bisherigen Filterröhrchen durch EM-Keramik ersetzen.
- ⇨ Becken bei Bedarf mit 30 bis 80 ml EM je 1 l Wasser reinigen.

Das Wasser kann durch die Gabe von EM anschließend bräunlich sein, wird nach einigen Stunden jedoch wieder klar. Wenn nicht, enthielten die EM zu viel Melasse (was bei Verwendung von selbst vermehrten EM auftreten kann).
Für Meerwasseraquarien sind flüssige EM wohl ungeeignet, da sie im salzigen und alkalischen Milieu nicht wirken. EM-Keramik ist hingegen überall einsetzbar.

Verbessert Gesundheit, Entwicklung und Vermehrungsfreudigkeit der Fische, verlängert ihre Lebensspanne und stabilisiert sie gegenüber Wasserwechsel. Fördert gesundes Pflanzenwachstum, vermindert Algenwuchs, reduziert den Ammoniumgehalt, erleichtert die Pflege und verlängert die Standzeit des Filters.

Badewasser

- ⇨ Dem eingelaufenen Wasser ½ bis ¾ l EM pro Wanne zufügen. Wasser nicht über 38 °C erhitzen.
- ⇨ Zusätzlich einen EM-Keramikring (s. Kap. 21) mit ins Wasser geben.

⇨ Keine seifigen (alkalischen) Badezusätze, Badesalze oder ätherischen Öle gleichzeitig mit EM verwenden.

Sorgt für gesunde mikrobielle Hautbesiedlung, reinigt und belebt, neutralisiert Kosmetikrückstände, regeneriert Hautstörungen, reguliert resistente Bakterienstämme und mildert Juckreiz und Ekzeme.

Nach dem Ablaufen das Wasser zur Verringerung von Ablagerungen ohne Nachspülen im Abfluss stehen lassen.

Gartenpool

Der Bedarf ist von den Umständen und den Temperaturen abhängig. Man kann Folgendes tun:

⇨ Poolbecken mit 20 ml EM je 1 l Wasser reinigen.
⇨ Wasser beim ersten Einlaufen über EM-Keramik laufen lassen.
⇨ Circa ¼ Beutel EM-Keramikröhrchen (etwa 120 Stück) pro m^2 Filterfläche oder mehrere große EM-Keramikringe in der Filteranlage einsetzen. Keramik in durchlässigem Beutel bzw. auf Schnüre aufgeknotet möglichst im durchströmten Bereich des Wassers anbringen (s. Kap. 21).
⇨ Bei Eintrag von organischem Material wie Haut- und Sonnencreme: 50 ml EM pro 10 m^3 Wasser zufügen.

EM nicht zu oft geben, da durch einen Melasseüberschuss ein Algenwachstum gefördert wird.

Stabilisiert das Wasser, reinigt es, verbessert die Wasserqualität, verbessert die Verträglichkeit des Chlorwassers für Schwimmer, reduziert Algenentwicklung, Chlorungsbedarf und Reinigungshäufigkeit.

Schwimmbad

Der Bedarf an EM ist von den Umständen, der Größe der Einrichtung, der Nutzungsfrequenz und den Temperaturen abhängig. Auch öffentliche Bäder können mit EM geführt werden. Man kann Folgendes tun:

- ➪ Schwimmbecken mit 20 ml EM je 1 l Wasser reinigen oder nach der Reinigung intensiv mit EM einsprühen und insbesondere in Fugen und Steinflächen für mehrere Stunden oder auch über den Winter einwirken lassen.
- ➪ Wasser beim ersten Füllen und beim Einströmen ins Becken während des Betriebes über EM-Keramik laufen lassen.
- ➪ EM-Keramik im Schwallwasserraum installieren, zum Beispiel aufgeknüpft oder als Netz eingehängt. Circa ¼ Beutel EM-Keramikröhrchen (etwa 120 Stück) pro m^2 Filterfläche oder mehrere große EM-Keramikringe in der Filteranlage einsetzen (s. Kap. 21).
- ➪ Umgebungsflächen, Umkleideräume, Sanitäranlagen und Badeeinrichtungen mit 25 ml EM je 1 l Wasser reinigen, nach starker Benutzung abends intensiv mit EM einsprühen und über Nacht einwirken lassen.

Verbessert Wasserqualität und -geruch, macht Schwimmen angenehmer, verlängert die Nutzbarkeit der Füllung, verbessert die Verträglichkeit des Chlorwassers für Haut und Schleimhäute und reduziert Chlorungsbedarf, Schmierfilme und Fettablagerungen. Hemmt Krankheits- und Pilzentwicklung in der Umgebung des Beckens, erleichtert Reinigungsarbeiten, schont die Umwelt und spart Chemikalien und Kosten.

Springbrunnen

- ⇨ 8 EM-Keramikröhrchen je 1 l Wasser ins Becken geben, bei größerem Volumen verhältnismäßig weniger (s. Kap. 21).
- ⇨ Am besten im Bereich des größten Durchflusskontaktes mit dem Wasser einsetzen, wenn möglich vor oder hinter Pumpe oder Filter.
- ⇨ Bei natürlichem Zufluss, beispielsweise Regenwasser aus einer Zisterne, EM möglichst auch bereits dort einbringen.

Veralgte Becken und Parkbrunnen

1. Mit 20 ml EM je 1 l Wasser gründlich schrubben.
2. Bei porösem Gestein mit 100 ml EM je 1 l Wasser für mindestens 1 Tag gefüllt einweichen lassen. Das Wasser kann danach zum Gießen verwendet werden.
3. Becken gründlich ausbürsten.
4. Vollständig austrocknen lassen.
5. Mit EM-Keramik-Wasser füllen und EM-Keramik zugeben.
6. Bei organischer Belastung des Wassers und im Freien auch nach Bedarf EM-Lösung zugeben.

Verbessert die Wasserqualität, unterbindet unangenehme Gerüche, hemmt Algenentwicklung und schont den Stein. Verbessert Raumklima und Erholungseffekt und verlängert Reinigungsintervalle.

Trinkwasser

- ⇨ 3 bis 10 EM-Keramiköhrchen je 1 l Wasser einsetzen, abhängig von der Ausgangsqualität des Wassers. Je größer das Wasservolumen, desto weniger Röhrchen.

- ➪ In großen Behältnissen etwa 500 g graue Röhrchen (1 Beutel) auf 10 000 l (10 m^3) Wasser.
- ➪ Hauswasserleitung über eine Strecke von mindestens 20 cm Länge mit ca. 20 aufgeknoteten EM-Keramikröhrchen je 10 cm Länge umwickeln.
- ➪ In Tränken für größere Tiere nur dann einzelne EM-Keramikröhrchen legen, wenn kein Risiko besteht, dass sie gefressen werden können. Größere EM-Keramikringe verwenden oder den Wasserzufluss mit EM-Keramik bestücken. Es gibt für Kleintiere auch Tränken aus EM-Keramik.

Verbessert Geschmack, Energiegehalt, Qualität, Stoffaufnahme- und -abgabe, Haltbarkeit und Bekömmlichkeit von Wasser.

✋ Bei Zugabe zusätzlicher Energieträger wie Edelsteinen addiert sich der Energiezuwachs im Wasser. Ein Übermaß von Energie kann zum Platzen von Glasgefäßen führen.

Zisternen

- ➪ Zulauf mit EM-Keramik bestücken und EM-Keramik in die Zisterne einhängen. Die Zeitspanne bis zu einer Erneuerung der Keramik ist abhängig von Behältermaterial, Wasserqualität und -temperatur.
- ➪ Dosierung:
  - 500 g (1 Beutel) Keramikröhrchen auf etwa 10 000 l (10 m^3).
  - 1 kg auf etwa 20 000 l.
  - 1,5 kg auf etwa 50 000 l.
  - 2,5 bis 3 kg auf etwa 100 000 l.
- ➪ Zisterne nach Entleerung mit 20 bis 80 ml EM je 1 l Wasser reinigen.

Verbessert Energiegehalt, Qualität, Haltbarkeit und Geschmack von Zisternenwasser. Hemmt Algenbildung.

Siehe auch »Trinkwasser« (S. 128 f.) und EM-Keramik (Kap. 21).

✋ In Regenwasserzisternen für Trinkwasser keine EM-Lösung zugeben, da sie dort keine Stoffwechselaufgabe haben und das Wasser bald verdirbt.

31. GEWÄSSER

Effektive Mikroorganismen können nährstoffüberlastete (eutrophierte) und belastete Gewässer regenerieren. Sie

- klären Wasser,
- bauen Faulschlamm ab,
- regulieren die Gewässergüte, auch Sauerstoffgehalt, Ammoniummenge und elektrische Leitfähigkeit,
- beseitigen üble Gerüche,
- verbessern das Anwurzeln und die Gesundheit von Wasserpflanzen,
- stabilisieren die Gesundheit der Wassertiere,
- gleichen das Verhältnis von Phytoplankton und Zooplankton aus,
- verbessern den Lebensrhythmus stehender Gewässer und
- vermindern den Arbeitsaufwand für die Gewässerpflege.

Bei jeder Gewässersanierung ist zunächst die Ursache der Störung zu klären. Bauliche Mängel sind, wenn möglich, zu beseitigen. Bei Teichen muss man die Fischfuttermenge überprüfen und gegebenenfalls senken, übermäßigen Eintrag von organischem Material

entnehmen und Algen abfischen und den pH-Wert des Wassers aus dem alkalischen Bereich auf unter 7,2 senken, damit EM überhaupt wirken können.
Da jedes Gewässer ein individueller Organismus ist, ist jeder Einsatz der EM auf die örtlichen Gegebenheiten abzustimmen, und im Zweifelsfalle empfiehlt sich die Beratung durch einen fachkundigen und erfahrenen EM-Anwender.

Faulschlamm

Um die Faulprozesse im Schlamm des Gewässerbodens umzustimmen, bringt man

- entweder große Mengen EM-Keramik,
- EM flüssig auf Trägermaterial oder
- EM flüssig und Keramikpulver in Form von Dangos ein (s. Kap. 23).

EM sollte man möglichst direkt in den Schlamm einbringen. Dazu kann man wie folgt vorgehen:

⇨ Dangos in den Schlamm werfen (Herstellung und Dosierung s. Kap. 23).
⇨ Poröse Steine, zum Beispiel Blähtonsteine, einige Stunden lang in EM pur eingelegt vollsaugen lassen und 1 Stein je m^2 Grundfläche zum Beispiel an eine Schnur gebunden im Schlamm versenken. Nach 2 Tagen bis 2 Wochen herausholen und erneuern.
⇨ Oder große Mengen EM mittels einer Röhre in den Schlamm einspülen.
⇨ Pro cm Schlammdicke gibt man in Gartenteiche pro m^2 Grundfläche 1 bis 2 g EM-Keramikpulver.

- ➪ Faulschlamm wird durch EM mikrobiell umgesetzt, trübt das Wasser und schwimmt auf. Aufgeschwemmtes Material abfischen.
- ➪ Da die Sauerstoffzehrung steigt, derweil keine intensive Fischzucht betreiben. Soll eine Fischzucht fortgesetzt werden, in größeren Behandlungsabständen und schrittweise vorgehen.
- ➪ Gleichzeitig das Gewässer immer auch mit EM-Lösung behandeln.
- ➪ Wenn nach 1 Woche kein Klärungsprozess eintritt, weitere 10 ml EM pro m^3 in das Gewässer geben und die Schlammbehandlung erneuern.

Baut Faulschlamm ab, klärt das Gewässer, sorgt für gesunde Mikrobenbesiedlung und Einbindung von Nährstoffen. Gesundet das Pflanzenwachstum, beseitigt Faulgase, neutralisiert widerliche Gerüche, gleicht Sauerstoffhaushalt aus und regeneriert den Wasserkörper.

Fischteich

- ➪ Bei belasteten Teichen im ersten Jahr ab Wassertemperatur über 8 °C alle 4 Wochen bis zum Herbst, später drei- bis fünfmal im Jahr 3 bis 8 l EM je 10 m^3 Wasser zugeben, bei größeren Teichen weniger EM pro m^3. Die Menge und Häufigkeit richtet sich nach Temperatur, Saison und Bedarf des Gewässers.
- ➪ EM entweder direkt in den Zulauf geben oder mit reichlich Teichwasser vermischt auf der gesamten Teichoberfläche verteilen. Dabei Sonneneinstrahlung vermeiden.

Siehe auch »Teich sanieren« (S. 135 f.) und »Faulschlamm« (S. 131 f.).

Bruthaus

- ⇨ Anlage mit 30 ml EM je 1 l Wasser reinigen und vor jeder neuen Brut mit EM aussprühen.

Vorzuchtbecken

- ⇨ Mit 30 ml EM je 1 l Wasser reinigen.
- ⇨ 500 ml EM je 1000 l pro Woche in den Behälter zugeben. Zu- und Ablauf des Wassers beibehalten.

Setzlingsanlage

- ⇨ 14 Tage vor Setzlingsbesatz 2 l EM pro 10 m³ in den Teich geben.
- ⇨ Ab Besatz alle 10 bis 14 Tage 1 l EM pro 10 m³ beimengen.
- ⇨ Wasser und Filteranlagen mit EM-Keramik bestücken (s. Kap. 21).

Verbessert Wasserqualität, Sauerstoff-, pH- und Ammoniakwerte, reduziert Schlammbildung, baut Überschussschlamm ab und sorgt für schnellere Klärung nach Trübung durch Regengüsse. Stabilisiert die Fischgemeinschaft, verbessert Futterverwertung und Gesamtzuwachs, reduziert Stress und Sterbequote der Fische, spart Kosten und verringert den Arbeitsaufwand.

Fließgewässer

Flüssige EM werden in ein Fließgewässer dann eingegeben, wenn es belastet ist und kurz darauf in ein stehendes Gewässer mündet, das darunter leidet. An dessen Zustand muss man die nötige Dosierung und Behandlungsart des Fließgewässers ablesen. Dazu ist eine fachkundige Beratung nötig. Grundsätzlich kann auch ein salziges Gewässer dadurch saniert werden:

⇨ EM-Keramik in durchlässigem Beutel oder an Schnur mitten in den Wasserfluss hängen. Je mehr und je länger Wasser in Kontakt mit der Keramik kommt, desto stärker ist die Wirkung. Menge und Wechselhäufigkeit sind von den Umständen abhängig (s. Kap. 21 und »Wasser«, S. 123 f.).

Verbessert die Wasserqualität.

✋ Einträge von Mikroorganismen in öffentliche Gewässer sind genehmigungspflichtig und bedürfen der Absprache mit den Verantwortlichen.

Naturschwimmbad

⇨ Vorsorglich zwei- bis dreimal jährlich Dangos in Flachwasserzonen und in Bereichen mit Wasserpflanzen einbringen (s. Kap. 23).
⇨ Zu Beginn der Saison 2 bis 3 l EM pro m³ Wasser eingeben. Bei regem Badebetrieb wöchentlich je nach Temperatur und Wasserzustand eine kleinere Menge EM nachimpfen.

Bei Gewässertrübung (s. S. 130 f.), bei Faulschlammentwicklung (s. S. 131 f.).

Schützt vor Überlastung und Eutrophierung des Gewässers, verdaut Einträge von Hautkosmetika im Badewasser, spart Reinigungsarbeiten, Geld und Ärger.

Teich sanieren

Jeder Teich ist ein eigener Wasserkörper, dessen Untergrund, Ufer, Pflanzen, Fische und Insekten gleichsam Organe sind, die seine Gesundheit bestimmen. In jedem dieser Bereiche kann eine Störung vorliegen, weshalb jeder Teich zu jedem Zeitpunkt individuell zu betrachten ist. Menge und Häufigkeit der EM-Anwendung sowie Verlauf und Dauer des Reinigungsprozesses hängen von den Umständen ab. Wann und wie ein Gewässer auf eine EM-Zufuhr reagiert, ist also sehr verschieden, und eine Wirkung kann auch mit zeitlicher Verzögerung eintreten.

Die Wassertemperatur für den Einsatz von EM-Lösung muss über 8 °C liegen. Die EM überstehen nach Eingewöhnung in den Lebensraum auch Frost und wirken über den Winter weiter.

Man kann folgendermaßen vorgehen (EMa für Teichsanierung dabei mit circa 10 Prozent weniger Melasse vermehren als sonst, um überschüssigen Nährstoffeintrag zu vermeiden):

- Ursache der Störung wie zu viel Pflanzenwuchs, zu geringe Wassertiefe, zu viel Fischfutter, zu reichhaltiges Pflanzensubstrat, Düngereintrag aus der Umgebung oder zu viel Laub im Wasser klären und beseitigen. Algen abfischen.
- pH-Wert zu verschiedenen Tageszeiten messen. Wasser mit einem pH-Wert über 7 und erhöhtem Nährstoffgehalt bildet Algen, um die Nährstoffe darin zu binden.
- Schlammdicke und Faulschlammgehalt feststellen.
- pH-Wert durch Wasseraustausch, Einhängen eines Sackes mit Stroh, Eichenrindengranulat, Erlenzapfen oder Ähnlichem auf unter 7,2 senken. Keine Säuren eingießen! Regenwasser zum Austausch nehmen, da Leitungswasser meist alkalisch und / oder phosphorisiert eingestellt ist. Einlaufendes Wasser mit EM-Keramik informieren (s. Kap. 21).

- 250 g Gesteinsmehl mit 50 g EM-Keramikpulver pro m^3 Wasser (1000 l) vermengen und mit Teichwasser vermischt über die Fläche gießen.
- Zuflüsse und fließende Wasserpartien mit EM-Keramik bestücken.
- Nach Senkung des pH-Werts erstmalig 3 bis 8 l EM pro 10 m^3 (10 000 l) Wasser mit Teichwasser reichlich verdünnt über die Wasserfläche verteilen. Flachwasserbereiche und Pflanzenbewuchs behutsam übergießen. Nicht während Sonneneinstrahlung und nicht pur auf Fische und Pflanzen verteilen.
- Schlamm mit Dangos bestücken (s. Kap. 23 und »Faulschlamm«, S. 131 f.).
- Im ersten Jahr zwischen Frühjahr und Herbst alle 4 Wochen 1 l EM pro 10 m^3 und Dangos zugeben. Später, wenn alle Faulschlämme zu geruchlosem Sediment umgewandelt worden sind, je nach Bedarf drei- bis fünfmal jährlich. Je weitgehender die Eutrophierung fortgeschritten war, desto länger dauert die Umstellung in einen stabilen Zustand.
- Mobilisierte und aufgeschwommene Faulschlämme abfischen.

Führt ein Gewässer zu gesunder Klärung.

Der gleichzeitige Einsatz von Ozongeräten oder UV-Lampen ist kontraproduktiv, weil er die Wirkung der EM teilweise aufhebt.

32. TIERE

Effektive Mikroorganismen haben sich in der Tierhaltung bei äußerlicher und innerlicher Anwendung, bei der Futterbereitung, der Umgebungspflege, für die Hygiene und als Hilfe bei Krankheiten und Verletzungen bewährt. Sie

- harmonisieren die Mikrobenbesiedlung von Tier und Umgebung,
- stabilisieren die Gesundheit,
- verbessern Aufschluss der Nährstoffe, Verdauung, Stoffwechsel und Immunsystem,
- fördern die Futterverwertung und reduzieren dadurch die Futtermenge,
- sorgen für glänzend weiches und gleichmäßiges Fell und Gefieder,
- vermindern Fliegen- und Parasitenbefall,
- verringern Schreckhaftigkeit und führen zu einer friedlicheren Beziehung mit dem Menschen,
- verbessern die Fruchtbarkeit,
- sorgen für bessere Heilung von Verletzungen und Krankheiten,
- mindern Juckreiz und sorgen für rasche Abschwellung von Insektenstichen,
- binden Staub,
- unterbinden Schimmelbildung im Futter,
- verringern Ammoniakausdünstungen und verbessern den Geruch der Ausscheidungen,
- halten Einstreu und Futter länger frisch,
- erleichtern die Käfig- und Stallreinigung für die Menschen und reduzieren die Häufigkeit,
- erleichtern die Kompostierung des Kotes und
- steigern die Bodenfruchtbarkeit beim Ausbringen des Mistes.

Es sind unter anderem folgende Anwendungen möglich. Man kann

- Futter mit gering verdünnten EM übersprühen oder EM pur tropfenweise dazugeben (für eine Förderung der Verdauung werden Mikroben grundsätzlich mit dem Futter zusammen aufgenommen, man sollte EM nicht pur direkt ins Maul spritzen, da ihr Säuregrad auf Dauer den Zahnschmelz angreift);
- Tränkewasser mit EM-Keramikröhrchen informieren;
- Badewasser mit EM und Keramikröhrchen versehen;
- Bokashi füttern (alles, was für ein Tier als Futter geeignet ist, kann mit EM zu Bokashi fermentiert werden);
- das Tier mit EM waschen, Pfoten, Klauen und Hufe mit EM pflegen (bei Fäulnisstellen kann man EM mit EM-Keramikpulver und einer Trägermasse zu einer Paste mischen, die man aufträgt);
- Stall, Käfig und Körbchen mit EM aussprühen;
- Zubehör mit EM putzen;
- Insektenstiche mit EM bestreichen;
- Verletzungen versorgen.

Die in den folgenden Abschnitten aufgeführten Wirkungen und Dosierungen beruhen auf eigenen Erfahrungen, sind also keineswegs als generelle Handlungsrichtlinie zu verstehen. Die Verantwortung für jede Anwendung liegt immer beim jeweiligen Tierhalter.
Man mischt daher auch niemals unaufgefordert EM einem fremden Tier ins Futter, so notwendig dies auch erscheinen mag. Besser ist es, mit der Halterin oder dem Halter über die Bedeutung einer gesunden Bakterienbesiedlung zu sprechen.
Bei allen Anwendungen ist zu bedenken, dass Tiere und Effektive Mikroorganismen lebendig sind, so dass je nach den Umständen der Einsatz der EM auch anders zu handhaben ist als hier angegeben.
Innerliche und äußere Anwendung der EM ergänzen einander, denn die Fell- und Gefiedergesundheit hängt auch von der Verdau-

ung und dem Stoffwechsel ab. Aufgrund des Zusammenhangs von Bakterienflora und Immunsystem beginnt man grundsätzlich innerlich mit einer kleinen Menge und steigert diese allmählich (s. »Dosicrung«, S. 40 ff.). Je weitergehend die Tiere sich an ein EM-Milieu in ihrer Umgebung gewöhnt haben, desto geringer wirken sich tägliche Dosisschwankungen aus. Eine regelmäßige Gabe ist empfehlenswert. Mit der Zeit stabilisieren sich Bakterienbesiedlung und Stoffwechsel, und die Tiere leben insgesamt in einem mikrobiell ausgeglichenen Milieu.
Wird das Futter mit EM angebaut und fermentiert und der Stall umfassend mit EM ausgesprüht, sind langfristig nur geringe innerliche EM-Erhaltungsdosen erforderlich (s. a. Kap. 14 und 15).

Augenerkrankungen

⇨ 10 ml EM je 100 ml Wasser verdünnt mehrfach täglich um die Augen herum verteilen.

Reguliert die Bakterienflora am Auge, bringt Entzündungen zum Abklingen, löst Verklebungen und macht unempfänglicher für allergische Einflüsse.

EM dürfen nicht pur in die Augen gelangen.

Badewasser für Tiere

3 bis 10 EM-Keramikröhrchen (s. Kap. 21) je 1 l Wasser, je größer die Wassermenge, desto weniger Röhrchen proportional. Für Einzelbäder 100 ml EM je 10 l Wasser. Nicht zusammen mit Seife benutzen, da diese alkalisch ist.

Dauerhaft zugängliches Badewasser: 10 ml EM je 1 l Wasser, bei großen Mengen proportional weniger.

- ➪ Die Häufigkeit der Erneuerung des EM-Badewassers richtet sich nach der Anzahl der Tiere, der Temperatur und dem Verschmutzungsgrad, mindestens wöchentlich. Je wärmer das Wasser ist, desto kürzere Abstände sind nötig.
- ➪ Ziervögeln und Tauben täglich 1 bis 2 ml EM ins frische Badewasser geben, um das Wasser für die Gefiederpflege bakteriell anzureichern, damit sie es nicht einkoten. Ein- bis zweimal wöchentlich in 5 bis 10 ml EM je 1 l Wasser baden lassen. Das Badewasser kann anschließend im Garten genutzt werden.

Unterstützt die Fell- und Gefiederpflege, reduziert Parasitenbefall und Infektionsrisiko, erleichtert die Reinigung und beugt dem Einkoten des Badewassers vor.

Bienen

Bienenstand, Stock, Flugloch, Rahmen und Umgebung

- ➪ Mit 5 bis 500 ml EM je 1 l Wasser einsprühen, 15 bis 25 ml pro Stock.

Honig

- ➪ Pro 25 l je einen 35 ml großen Keramikring einhängen.

Führt zu weicherer und cremigerer Kristallisation.

Tränkewasser

⇨ 10 Prozent EM und Keramikröhrchen einsetzen.

Varroamilbenbehandlung

⇨ Mit EM präparierte Oxalsäuretabletten verdampfen.

Winterfütterung

⇨ 4 bis 30 ml EM je 1 l Zuckersirup zugeben.
⇨ EM-fermentierte Kräutergärsäfte zugeben (s. Kap. 25).

Stärkt die Vitalität der Völker, gleicht den Milchsäuremangel wegen Zuckerfütterung aus, unterstützt den Stoffwechsel, stärkt sie gegenüber Parasiten, Erkrankungen und Seuchen und erhöht die Überlebensrate, auch im Winter. Verbessert die Entwicklung von Jungvölkern und erhöht die Tracht. Neutralisiert Umweltgifte, hemmt die Verbreitung von Pilzsporen und beruhigt die Völker.

Siehe auch »Insektenstiche« (S. 178 f.).

Bokashi füttern

Alles, was für ein Tier als Futter geeignet ist, kann mit Hilfe der EM zu Bokashi fermentiert werden. Üblich sind gequetschte Getreide, Schrot, Kleie, Saaten, Keime, Ölpresskuchen, Beeren, Gemüse- und Fruchtschnitze in verschiedensten Mischungen.
Die Dosierung wird mit der Menge der gefütterten EM-Lösung abgestimmt. Immer langsam damit beginnen. Sie brauchen folgende Zutaten:

20 bis 30 ml Zuckerrohrmelasse.

Wasser nach Bedarf.

200 bis 300 ml EM je 1 l Rohmaterial, dessen Gewicht sehr unterschiedlich sein kann.

Luftdicht verschließbares Gefäß, zum Beispiel Eimer mit Deckel.

Gehen Sie wie folgt vor:

1. Zuckerrohrmelasse je nach Flüssigkeitsbedarf entweder in heißem Wasser lösen oder in ein heißes Wasserbad stellen, damit sie flüssiger wird.
2. Rohstoffe, wenn nötig, gut zerkleinern und gründlich vermischen.
3. EM und Melasse miteinander verrühren. Dabei nicht über 37 °C erwärmen.
4. Rohstoffe mit der EM-Melasselösung gründlich vermischen.
5. Feuchtigkeitsgehalt prüfen. Er stimmt, wenn die Masse in einer Faust zusammengedrückt nicht tropft und sich bei deren Öffnung als leichter Klumpen lockert. Fällt sie ganz auseinander, Wasser zufügen und bei zu großer Nässe Trockensubstanz zugeben.
6. Die Masse in dünnen Schichten fest in den Eimer eindrücken, so dass kein Luftraum dazwischen verbleibt.
7. Eimer luftdicht verschließen, gegebenenfalls Rand mit Klebeband zukleben.
8. Eimer in einen warmen Raum stellen, am besten bei 20 bis 25 °C, zum Beispiel in einen Heizungskeller. Je nach Raumtemperatur dauert die Reifung 4 bis 7 Wochen.
9. Den Deckel öffnen und Inhalt prüfen. Riecht das Bokashi angenehm milchsauer vergoren, ist es fertig. Die Struktur der

Zutaten bleibt erhalten, ihr Charakter wurde durch EM verändert.

10. War das Gefäß nicht dicht verschlossen, bildet sich Schimmel an der Stelle des Lufteintritts, der den Inhalt ungenießbar macht. Man kann das Bokashi dann zum Kompost geben.
11. Hat man dem Eimer etwas Bokashi entnommen, so dass ein Leerraum entsteht, bedeckt man die Oberfläche dicht mit einer Plastikfolie, um den Rest vor Luftzufuhr und Oxidation zu schützen.
12. Futterbokashi wird in kleinen Mengen regelmäßig dem üblichen Futter zugegeben.

Verbessert den Aufschluss der Nährstoffe, steigert den Vitamingehalt der Rohstoffe und unterstützt die Darmbesiedlung. Fördert die Verdaulichkeit und die Futterverwertung und spart Futtermenge.

👍 Man soll nur Rohstoffe zu Futterbokashi fermentieren, die an sich bereits Futter sind, aber keine Abfälle.

Durchfall

Wenn Tiere an Durchfall leiden, kann man sie begleitend zu den medizinisch notwendigen Maßnahmen wie folgt behandeln:

- ⇨ Für eine reichhaltige gesunde Mikrobenzufuhr sorgen.
- ⇨ Die Umgebung des Tiers, gegebenenfalls der ganzen Herde, gründlich mit EM einsprühen.
- ⇨ EM auf die Hände geben und das Tier damit vollständig einstreichen (so oft wiederholen, bis die Situation sich verbessert).
- ⇨ Tränkewasser mit EM-Keramikröhrchen informieren (s. Kap. 21).

Die äußere Behandlung mit EM wirkt auf die gesamte, auch innere Mikrobenbesiedlung. Wenn das Tier bereits an EM gewöhnt ist, können EM hier äußerlich auch nahezu unverdünnt angewendet werden. Wenn nicht, 1 Teil EM mit 10 Teilen Wasser verdünnen.

Sorgt für den Ausgleich einer gestörten Mikrobenbesiedlung, vermindert Nebenwirkungen von synthetischen Medikamenten, neutralisiert Toxine, schützt die Darmschleimhaut und beschleunigt den Heilungsprozess.

Fellpflege

- Die Verdünnung für die äußere Anwendung kann flexibel gehandhabt werden: 50 bis 200 ml EM je 1 l Wasser.
- Die Häufigkeit ist abhängig von den Belastungen der Umwelt, bei Weidetieren auch vom Parasitenbesatz der Weide. Dazu besonders die Beine mit EM einsprühen.
- Das Fell bei Bedarf beispielsweise mittels einer Blumensprühflasche mit EM einsprühen, in EM-Wasser baden oder EM mit einem Schwamm auftragen.
- Bei Haustieren kann man EM auch auf die Hände geben und das Tier damit einstreichen. Das unterstützt insbesondere bei Krankheiten die Kräftigung.

Sorgt für glänzend dichtes Fell, neutralisiert unangenehme Gerüche und vermindert Parasiten- und Fliegenbefall. Bringt Ekzeme und Juckreiz zum Verschwinden, schützt vor Fremdbesiedlung und reduziert das Infektionsrisiko bei Verletzungen.

Die Fellgesundheit hängt auch von der Mikrobenbesiedlung von Rachen, Magen und Darm ab.

Fische

- ➪ Das Fischfutter vor dem Füttern mit EM besprühen, für kleine Mengen 3 bis 6 ml pro 100 g, bei größeren Mengen 100 ml EM pur je 10 kg Futter.
- ➪ Bokashi aus feiner Kleie und Getreidespelz herstellen und 1 Prozent dem Fischfutter zugeben (s. »Bokashi füttern«, S. 141 ff.).
- ➪ Das Fischfutter mit feinem fertigen Bokashi mischen und etwa 1 Woche luftdicht eingepackt bei 20 bis 25 °C warm stellen.
- ➪ Das Wasser mit EM anreichern (s. »Aquarien«, S. 124 f., und »Gewässer«, S. 130 f.).
- ➪ Das Aquarium oder Gewässer mit EM-Keramik bestücken (s. Kap. 21, s. »Aquarien«, S. 124 f., und »Fischteich«, S. 132 f.).

Verbessert Futterverwertung, Gesundheit und Wachstum, stärkt die Gesundheit und erhöht die Fruchtbarkeitsrate. Reduziert den Wasserverbrauch, verlängert die Reinigungsintervalle und stabilisiert das Futter.

Futter

Natürlicherweise ist jede Tiernahrung mit Mikroorganismen besiedelt. Da dies bei zugekauftem Futter für Haustiere aufgrund der technischen Verarbeitung meist nicht der Fall und das übrige Futter oft mit ungesunden Mikroorganismen behaftet ist, sind EM hier hilfreich.
Für eine Förderung der Verdauung werden Mikroben grundsätzlich mit dem Futter zusammen aufgenommen. Die Menge richtet sich nach der Größe des Tieres, nach der Qualität des Futters und nach dem Bedarf. Eine Verdünnung erleichtert die Verteilung der EM im Futter, ist jedoch nicht prinzipiell erforderlich. Man kann je nach Futterart und Tierart

- Futter mit in Wasser verdünnten EM übergießen,
- Futter mit gering oder gar nicht verdünnten EM übersprühen,
- EM pur tropfenweise auf das Futter geben,
- das Futter zu Bokashi verarbeiten (s. »Bokashi füttern«, S. 141 ff.),
- EM und Futter vermengen und 5 bis 7 Tage lang zusammengepresst und luftdicht eingepackt lauwarm lagern oder
- fertiges Bokashi unter das Futter mischen.

Verbessert die Futterverträglichkeit, unterstützt Verdauungsorgane und Darmbesiedlung, vergrößert die Futterverwertung und stabilisiert gegenüber Futterwechsel. Hemmt Schimmelpilzwachstum und Staubentwicklung, verlängert die Haltbarkeit und vermindert den Mykotoxingehalt. Moduliert das Immunsystem, gibt Energie und stärkt die Gesundheit.

EM darf man wegen ihres Säuregrades nicht regelmäßig pur ins Maul spritzen, da dies den Zähnen schaden kann. Wegen der Wirkung von Mikroorganismen auf das Immunsystem darf man zu Beginn keine großen Mengen EM auf einmal geben (s. Kap. 14). Wichtig ist bei mikrobenarmem Futter eine konstante Gabe der EM.

Futtergewinnung

- Das Grünland je nach Nutzung mit 160 bis 500 l EM pro ha und Jahr, am besten auf mehrere Gaben verteilt, versehen (s. »Wiese«, S. 121 f., und »Gießen«, S. 104 f.).
- Heu und Siliergut beim Schwaden mit 1 l EM pro Quaderballen von 1,2 m^3 besprühen. Das entspricht 5 ml EM pro kg Heu bzw. 1 l EM pro 1 bis 2 m^3 Siliergut.
- Für Grassilage 2 l EM in Wasser je t fertige Silage einsetzen.

Wird die Grünfläche langfristig mit EM versorgt, kann man die Menge im Lauf der Jahre reduzieren.

- Beim Sprühen auf den Pick-up eine 120-Grad-Düse von mindestens Stärke 3 verwenden, Siliergut und Heuballen zügig und gründlich verdichten. Bei sofortigem Einarbeiten können EM bei der Futterbergung auch während Sonnenschein aufgesprüht werden. Feine Düsen und Verteilpumpen gibt es im Weinbauzubehör.

Stabilisiert das Futter, hemmt Schimmelpilzwachstum und Staubentwicklung, vermindert den Mykotoxingehalt und verlängert die Haltbarkeit. Beschleunigt bei Silage die pH-Wert-Absenkung, optimiert die Fermentation und Säurezusammensetzung und stabilisiert die Schnittfläche.

Geburtshilfe

- Je nach Tier ab 2 bis 8 Wochen vor der Niederkunft dem Futter für das Muttertier EM beigeben (s. »Futter«, S. 145 f.). Darmmikroorganismen werden dem Ungeborenen über mütterliches Blut durch die Nabelschnur weitergegeben.
- Vor der Entbindung frühzeitig die Umgebung des Tieres – also Boden, Einstreu, Wände und Raumluft von Verschlag, Stall oder Käfig – mit 200 bis 350 ml EM pro 10 l Wasser gründlich einsprühen.
- Das Tier zur Gänze mit EM verdünnt oder je nach Gewohnheit pur einreiben oder einsprühen (s. »Fellpflege«, S. 144).
- Hände und Arme der eventuellen Geburtshelfer mit EM waschen.
- Wenn erforderlich, Afterregion und Scheide des Muttertieres mit 25 ml EM je 1 l Wasser waschen.

- ⇨ Geburtsstricke mit 20 ml EM je 1 l Wasser einsprühen oder kurz eintauchen.
- ⇨ Nach der Geburt prüfen, ob der Geruch von Mutter und Jungem angenehm ist. Sonst mit 200 bis 350 ml EM je 10 l Wasser einsprühen.
- ⇨ Den Nabel mit 200 ml EM je 1 l Wasser versorgen.
- ⇨ Falls notwendig, das Junge behutsam mit 40 ml EM je 1 l Wasser waschen, in schmutziger Umgebung mehr EM nehmen. Wenn nötig, wiederholen. Das Abschlecken durch die Mutter versorgt das Neugeborene mit Mikroorganismen aus deren Maul.
- ⇨ Euter oder Gesäuge und Umgebung des Muttertieres mit 40 ml EM je 1 l Wasser abwaschen. Dies ist auch vor jedem Melken empfehlenswert.
- ⇨ Bei Fehlen von Erstmilch (Kolostrum) EM reichlich in der direkten Umgebung des Jungtieres versprühen und in kleinster Menge der Nahrung zugeben.

Sorgt für eine gute Hygiene vor und während der Geburt, hält Fremdbesiedlung fern, schützt vor Erkrankungen und verringert das Sterberisiko. Bewirkt beim Jungtier eine gesunde äußerliche und innerliche Erstbesiedlung und Erstprägung des Immunsystems und verbessert die Verdauung der Muttermilch. Fördert beim Muttertier die Gesundheit, unterstützt die Milchleistung, erleichtert das Säugen und vermindert das Risiko für Geburtswege- und Euterentzündungen.

Geflügel

30 bis 40 ml EM je 1 l Wasser.
Umfang und Häufigkeit der EM-Anwendungen können sehr variieren und richten sich nach den Umständen vor Ort.

- ⇨ Man kann mit EM füttern (s. »Futter«, S. 145 f.), bei Bokashi etwa 2 Prozent Bokashi pro Futtermenge.
- ⇨ Tränkewasser mit EM-Keramikröhrchen (s. Kap. 21) versehen.
- ⇨ Badewasser mit EM und Keramikröhrchen versehen, um das Wasser für die Gefiederpflege bakteriell anzureichern (s. »Badewasser für Tiere«, S. 139 f.).
- ⇨ Vor dem Einstallen den gesamten Stall, die Voliere oder den Käfig mit 20 bis 25 ml EM pro m^2 in beliebiger Verdünnung einsprühen und 4 Tage einwirken lassen. Bei Bedarf wiederholen, bis Geruch und Raumklima angenehm sind.
- ⇨ Erste Einstreu mit 20 bis 25 ml EM pro m^2 besprühen.
- ⇨ Volieren und Freilauf mit 30 bis 40 ml EM je 1 l Wasser einnebeln.
- ⇨ Stall, Käfig oder Voliere laufend alle 3 bis 10 Tage mit 7 ml EM pro m^2 Bodenfläche aussprühen, auch Decke, Sitzstangen und Wände.
- ⇨ Stall, Käfig oder Voliere nach jeder mechanischen Reinigung mit 20 ml EM je 10 l Wasser reinigen. EM nicht in Dampfdruckreiniger geben.
- ⇨ Käfig- und Volierenzubehör mit EM reinigen. Dazu alles gelegentlich für beispielsweise 8 Stunden in einem Bottich mit 50 bis 100 ml EM je 1 l Wasser einweichen und anschließend lufttrocknen.

Stärkt die Gesundheit der Tiere, sorgt für gute Verdauung, glänzendes Gefieder und höhere Fruchtbarkeit. Neutralisiert unangenehme Gerüche, verbessert das Raumklima, verlängert die Intervalle zur Reinigung, schützt vor Infektionskrankheiten und verbessert die Hygiene. Senkt Junghennenverluste, steigert und stabilisiert die tägliche Legeleistung und verbessert den Geschmack von Fleisch und Eiern. Erhöht bei Mastgeflügel die Tageszunahmen.

☞ Bleibt EM-Lösung in Tränkeschläuchen stehen, kann es zur Entwicklung eines schleimigen Biofilms kommen, der die Nippel verstopft. Daher in Tränkeanlagen das Wasser nur mit EM-Keramik informieren und die EM-Lösung zum Futter geben.

Siehe auch »Stall« (S. 165 f.) und »Mistbehandlung« (S. 154).

Hunde

- Man kann mit EM füttern (s. »Futter«, S. 145 f.). Anfangs täglich je nach Körpergewicht 5 bis 40 Tropfen zum Futter, nach 3 bis 4 Tagen langsam steigern.
- Tränkewasser mit EM-Keramikröhrchen (s. Kap. 21) versehen.
- Badewasser (s. S. 139 f.) mit EM versehen.
- Hund mit 50 bis 200 ml EM je 1 l Wasser einstreichen oder einsprühen, nach ausreichender Eingewöhnung auch mit EM pur (s. »Fellpflege«, S. 144).
- Ein Halsband aus EM-Keramikröhrchen knüpfen.
- Hundekörbe mit 100 ml EM je 1 l Wasser einsprühen.
- Liegeplätze etwa dreimal pro Woche mit circa 10 ml EM pro m^2 Bodenfläche aussprühen, bei Zwinger auch Decke und Wände. Wenn nötig, so oft wiederholen, bis Geruch und Raumklima angenehm sind.
- Hundespielzeug und Fellpflegezubehör mit EM reinigen. Dazu alles gelegentlich für beispielsweise 8 Stunden in einem Eimer mit 50 bis 100 ml EM je 1 l Wasser einweichen und anschließend lufttrocknen.
- Bei Streusalzbelastung die Pfoten im Winter beim Heimkommen mit 20 ml EM je 1 l Wasser abwaschen.
- Harnflecken oder markierte Stellen, soweit es das Material er-

laubt, mit EM pur einsprühen, einige Stunden einwirken lassen und auswaschen. Bei empfindlichen Materialien EM verdünnen. Bis zur Neutralisierung des Geruchs oder der Lösung des Problems wiederholen.

Sorgt für Gesundheit, Vitalität und glänzend dichtes Fell, bessere Futterverwertung und Verdauung, stabilisiert die Psyche und stärkt gegenüber Krankheitseinflüssen. Verringert Parasitenbefall, hält Flöhe, Läuse und Zecken fern, neutralisiert unangenehme Gerüche und schützt vor Wundinfektionen.

Katzen

- ➪ Man kann mit EM füttern (s. »Futter«, S. 145 f.). Anfangs je nach Körpergewicht täglich 2 bis 5 Tropfen zum Futter geben, alle 3 bis 4 Tage um 1 bis 2 Tropfen steigern.
- ➪ Trinkwasser mit EM-Keramikröhrchen (s. Kap. 21) versehen.
- ➪ Körbchen oder Liegeplatz mit 100 ml EM je 1 l Wasser einsprühen.
- ➪ Katzentoilette mit EM pur einsprühen oder zur besseren Verteilung mit 100 ml EM je 1 l Wasser.
- ➪ Katzenklappe mit EM pur einsprühen, einwirken lassen und abwischen.
- ➪ Kratzbäume mit 100 ml EM je 1 l Wasser einsprühen, einwirken lassen.
- ➪ Katzenspielzeug und Fellbürsten mit EM reinigen. Dazu alles gelegentlich für beispielsweise 8 Stunden in einem Eimer mit 50 bis 100 ml EM je 1 l Wasser einweichen und anschließend lufttrocknen.
- ➪ Bei Erkrankung die Katze mit 50 bis 200 ml EM je 1 l Wasser einstreichen oder einsprühen. Nach ausreichender Einge-

wöhnung auch mit EM pur (s. »Fellpflege«, S. 144). Da die Tiere die EM auch vom Fell abschlecken, die insgesamt innerlich aufgenommene Menge beachten (s. »Verletzungen«, S. 166 f.).

⇨ Harnflecken oder markierte Stellen, sofern das Material es erlaubt, mit EM pur einsprühen, einige Stunden einwirken lassen und auswaschen. Bei empfindlichen Materialien EM verdünnen. Bis zur Neutralisierung des Geruchs oder der Lösung des Problems wiederholen.

Sorgt für Gesundheit, Vitalität und glänzend dichtes Fell, verbessert Futterverwertung und Verdauung, stabilisiert die Psyche und stärkt gegenüber Krankheitseinflüssen. Verringert Parasitenbefall, hält Milben, Flöhe und Zecken fern, neutralisiert unangenehme Gerüche und schützt vor Wundinfektionen. Verringert die Wiederverschmutzung gereinigter Utensilien und verlängert ihre Lebensdauer.

👍 Schreckhafte Tiere wie Katzen mögen das Geräusch der Sprühflasche zunächst nicht, können sich aber erfahrungsgemäß daran gewöhnen. So lange benetzt man die Hände mit EM und streicht ihnen damit über das Fell.

Kleintiere

Bei Hamstern, Kaninchen, Hasen, Ratten, Meerschweinchen, Mäusen und anderen Kleintieren (Ziervögel: s. »Geflügel«, S. 148 ff.) kann man Folgendes tun:

⇨ Tiere mit EM füttern (s. »Futter«, S. 145 f.), anfangs täglich:
- bei Mäusen und Hamstern 1 Tropfen,
- bei Ratten und Meerschweinchen 2 Tropfen,

- bei Kaninchen und Hasen je nach Körpergewicht 2 bis 5 Tropfen
- zum Futter geben; ab dem 4. Tag langsam nach Gefühl steigern, beispielsweise um je 1 bis 2 Tropfen.

⇨ Trinkwasser mit EM-Keramikröhrchen (s. Kap. 21) versetzen.

⇨ Tier mit 50 bis 200 ml EM je 1 l Wasser einstreichen oder einsprühen. Nach ausreichender Eingewöhnung auch mit EM pur (s. »Fellpflege«, S. 144).

⇨ Käfig, Stall und Freilauf zwei- bis dreimal pro Woche mit 7 ml EM pro m^2 Bodenfläche, 100 ml EM je 1 l Wasser aussprühen, auch Decke und Wände (s. »Stall«, S. 165 f.).

⇨ Einstreu mit 20 bis 25 ml EM pro m^2 besprühen, nach Bedarf wiederholen.

⇨ Kotstellen mit EM pur einsprühen.

⇨ Badesand vor dem Einstreuen mit 20 ml EM pro kg Sand einsprühen, gründlich durchmischen.

⇨ Käfigausstattung mit mindestens 100 ml EM je 1 l Wasser einsprühen, einwirken lassen.

⇨ Käfig- und Stallzubehör mit EM reinigen. Dazu alles gelegentlich für etwa 8 Stunden in einem Eimer mit 50 bis 100 ml EM je 1 l Wasser einweichen und anschließend lufttrocknen.

⇨ Harnflecken in der Wohnung, sofern das Material es erlaubt, mit EM pur einsprühen, einige Stunden einwirken lassen und auswaschen. Bei empfindlichen Materialien EM verdünnen. Bis zur Neutralisierung des Geruchs oder der Lösung des Problems wiederholen.

Neutralisiert unangenehme Gerüche und sorgt für Gesundheit, Robustheit und glänzend dichtes Fell. Verbessert Futterverwertung und Verdauung, stabilisiert die Psyche und stärkt die Tiere gegenüber Krankheitseinflüssen. Vergrößert die Fruchtbarkeit, sorgt für gesunden Nachwuchs, verringert Parasitenbefall und hält Milben, Flöhe und Zecken fern. Schützt vor Wundinfektionen. Verbessert die Käfighygiene, erleichtert die Reinigung, verringert die Wiederverschmutzung gereinigter Utensilien und verlängert ihre Lebensdauer.

Mistbehandlung

Die beste Imprägnierung des Mistes mit EM erfolgt über die regelmäßige Fütterung der Tiere mit EM und das ausreichende Vernebeln von EM im Stall (s. S. 165 f.). Wenn dies nicht stattgefunden hat, kann man:

- ein- bis zweimal pro Woche 1 bis 2 l EM je m^3 Mist in beliebiger Verdünnung gleichmäßig über den Mist versprühen oder vergießen.

Neutralisiert üblen Geruch, reduziert Fliegenbesatz, neutralisiert Toxine und beugt der Entstehung von Fäulnis vor. Verringert Erwärmung und Energiefreisetzung, beschleunigt die Umsetzung zu Dünger und sorgt für dessen gute Bekömmlichkeit für den Boden.

Pferde

Futter

Die tägliche EM-Gabe zum Futter beträgt:

---

bei Ponys 5 bis 50 ml,
bei Großpferden 5 bis 60 ml.
Tragende Stuten ab 6 Wochen vor und bis 2 Wochen nach der Geburt erhalten die doppelte Menge (s. »Geburtshilfe«, S. 147 f.).

Fohlen erhalten zunächst 1 bis 2 ml täglich, binnen 2 Wochen auf 10 ml, innerhalb von 2 Monaten auf 20 ml steigern.

⇨ Heu, insbesondere staubiges, in EM-Wasser tauchen (s. »Futter«, S. 145 f., und »Bokashi füttern«, S. 141 ff.).

Steigert die Schmackhaftigkeit des Futters, fördert die Fermentation im Blinddarm, verbessert Verdauung und Futterverwertung und beruhigt unruhige Tiere. Erhöht die Fruchtbarkeit und verringert Stoffwechselprobleme, auch Koliken und Wurmbefall. Reduziert das Risiko von Parasitenbesatz und deren Weitergabe mit dem Kot. Sorgt für glänzenderes, gleichmäßigeres Fell, reibungslosen Fellwechsel, verbessert die Hufqualität, senkt Futter- und Pflegekosten und vergrößert die Freude am Pferd.

Tränkewasser

⇨ Wasser mit EM-Keramik versehen (s. Kap. 21 und »Trinkwasser«, S. 128 f.).

Fell

⇨ Mit 10 bis 20 ml EM je 10 l Wasser waschen, an empfindlichen Stellen mit einem Schwamm auftragen, 10 Minuten einwirken lassen, abbürsten.

⇨ Beine mit 50 bis 200 ml EM je 1 l Wasser einsprühen (s. »Fellpflege«, S. 144).

Erleichtert die Fellpflege, führt zu weichem, glänzendem Fell, entfernt auch hartnäckigen Schmutz und erleichtert das Lösen verknoteter Schweife und Mähnen. Schont die Fettschicht der Haut, erleichtert den Fellwechsel und reduziert das Anhaften von Fliegeneiern sowie Parasi-

tenbefall und -übertragung. Verringert Auftreten und Juckreiz des Sommerekzems.

Hufpflege

- ⇨ Mit 100 ml EM je 1 l Wasser gründlich reinigen.
- ⇨ Regelmäßig mit 30 bis 40 ml EM je 1 l Wasser einsprühen.
- ⇨ Vor und nach dem Beschlagen oder Schneiden intensiv einsprühen oder -tauchen.
- ⇨ Vor dem Auftragen von Huffettsalbe oder -teer den Huf mit EM einsprühen oder das Pflegemittel direkt vorher mit 5 Tropfen EM pro Huf vermischt auftragen.
- ⇨ Bei Hufproblemen zusätzlich mit einer Prise EM-Keramikpulver (s. Kap. 21) je Huf vermengen.

Verbessert die Hufqualität, fördert gesundes Wachstum, Elastizität und Belastbarkeit, verschönert, wirkt schmutzabweisend und beugt Huferkrankungen vor.

Huferkrankungen

- ⇨ Huf mit 300 ml EM je 1 l Wasser gründlich reinigen, bei Mauke eventuell Kruste aufweichen. Bei Strahlfäule entstandene Taschen mit Hilfe einer Spritze (ohne Nadel) spülen.
- ⇨ Bei Bedarf Huf mit 300 bis 400 ml EM je 10 l Wasser baden.
- ⇨ Huf mit EM pflegen wie oben beschrieben (s. »Hufpflege«).
- ⇨ Aus Heilerde, die mit 5 Promille EM-Keramikpulver, zur Verlängerung gegebenenfalls auch mit Urgesteinsmehl oder Lehm vermengt und anschließend mit EM pur angemischt wird, eine Paste fertigen und auf die betroffenen Stellen und darüber hinaus auftragen. Nach Abfallen des Umschlags so oft wiederholen, bis Gesundung eintritt.

- ⇨ Man kann auch Umschläge mit EM-Lösung oder passendem Bokashi rund um die Fessel machen.
- ⇨ Stall und Paddock mit mehr EM als sonst einsprühen.

Fördert die Heilung und beugt einer potenziellen Superinfektion vor.

👍 Unbedingt die Ursache kurieren.

Stallpflege

- ⇨ Vor dem ersten Einstallen mit EM den Stall innen gründlich mit 20 bis 40 ml EM je 10 l Wasser reinigen.
- ⇨ Anschließend mit 50 ml EM je 1 l Wasser Boden, Decke und Wände einnebeln oder -sprühen und, wenn möglich, mindestens 5 Stunden lang einwirken lassen. Bei Bedarf wiederholen, bis Geruch und Raumklima angenehm sind.
- ⇨ Einstreu mit 70 bis 130 ml EM je m^2 gemäß Bedarf beliebig verdünnt besprühen.
- ⇨ Regelmäßig zweimal pro Woche, bei Bedarf bis zu täglich 10 bis 50 ml EM pro m^2 Bodenfläche im Stall vernebeln oder versprühen. Dies besiedelt auch die Einstreu. Die EM zur besseren Verteilung beliebig mit frischem Wasser verdünnen.
- ⇨ Auf Auslaufflächen oder Paddock dreimal jährlich bei Bodentemperaturen über 8 °C 500 ml EM verdünnt in Wasser je 100 m^2 Fläche ausbringen. Geil- und Kotstellen häufiger behandeln.

Besiedelt den Stall mit regenerativen Mikroorganismen, neutralisiert unangenehme Gerüche, vermindert Ammoniakausdünstungen und beugt der Entstehung von Fäulnis, Gestank und Fliegenplagen vor. Stabilisiert die Psyche, schont die Hufe und stärkt gegenüber Krankheitseinflüssen. Verringert Parasitenbefall, hält Lästlinge fern und schützt vor Wundinfektionen.

Siehe auch »Mistbehandlung« (S. 154).

Zubehör

- Tränke, Futtertröge und Stallzubehör mit 30 bis 40 ml EM je 1 l Wasser reinigen.
- Geschirre vor und nach Gebrauch mit verdünnten EM einsprühen.
- Fell und Sattel, Satteldecken und Schabracken auf der Trageseite mit 10 ml EM je 1 l Wasser besprühen.
- Pferdeputzzeug gelegentlich über Nacht in einem Eimer mit etwa 50 bis 100 ml EM je 1 l Wasser einweichen und beschweren, damit es unter Wasser bleibt, und am nächsten Morgen lufttrocknen lassen.
- Zur Lederpflege EM tropfenweise ins Lederfett einmischen und das Geschirr direkt damit eincremen. Nur die Menge anmischen, die gleich verwendet wird. Oder Spuren von EM-Keramikpulver (s. Kap. 21) in das Lederpflegemittel einmischen.

Erleichtert die Reinigung, verringert die Wiederverschmutzung, fördert die Hygiene, hemmt unangenehme Geruchsentwicklung und verlängert die Haltbarkeit. Hält Leder geschmeidig und schützt vor Schimmelbefall, sorgt für schönen Glanz und weist länger den Staub ab.

Pferdehänger

- Gründlich mit 40 ml EM je 10 l Wasser reinigen.
- Vor und nach jedem Transport mit 20 ml EM pro m^2 Fläche einsprühen.

Verbessert das Raumklima, vermindert das Erkrankungsrisiko, Tiere lassen sich in gut riechende Hänger leichter verladen.

Verletzungen

- ⇨ Wunde mit 10 ml EM je 100 ml Wasser so häufig wie angemessen auswaschen.
- ⇨ Bei wilden, nicht zu haltenden Pferden eine Paste aus EM, 3 ml Manju oder EMzyme, EM-Keramikpulver, Heilerde und Lebensmittelöl anmischen und auf die Stelle so gut wie möglich auftragen.
- ⇨ Bei der Kastration von Hengsten Wunde und Umgebung vor dem Eingriff mit EM einsprühen und die Wunde mehrfach täglich mit 10 ml EM je 100 ml Wasser spülen.

Fördert und beschleunigt die Heilung, schützt vor Fäulnis, minimiert das Entzündungs- und Vereiterungsrisiko, verringert Narbenbildung und sorgt für dichtes Nachwachsen des Fells.

Gelenkentzündung und Sehnenschäden

- ⇨ Betroffene Gelenke oder Sehnen mit 100 ml EM je 1 l Wasser einsprühen.
- ⇨ Aus Heilerde, die mit 5 Promille EM-Keramikpulver (s. Kap. 21), zur Verlängerung gegebenenfalls auch mit Urgesteinsmehl oder Lehm, vermengt und anschließend mit EM pur angemischt wird, eine Paste fertigen und als Umschlag aufbringen. Nach Abfallen des Umschlags so oft wiederholen, bis Gesundung eintritt.

Fördert die Heilung, lindert Schmerzen, reduziert Schwellungen und Entzündungsreiz, verkürzt die Standzeit, reduziert das Risiko für Arthrose und erleichtert die Mobilisation.

Schafe

Futter

Bei der täglichen EM-Gabe zum Futter wird folgende Vorgehensweise empfohlen:

- ➪ Beginnen Sie mit etwa 1 ml EM je 4 bis 5 kg Körpergewicht und steigern Sie die Menge langsam je nach Bedarf auf 1 bis 4 ml EM je kg Körpergewicht.
- ➪ Tragende Mutterschafe ab 2 Monate vor und bis 4 Wochen nach der Geburt bekommen die doppelte Menge (s. »Geburtshilfe«, S. 147 f.).
- ➪ Lämmer erhalten zunächst 1 bis 3 Tropfen täglich, bei normaler Säugung binnen einer Woche auf die Körperdosis steigern. Bei Fehlen von Erstmilch EM gleich reichlich in der Umgebung versprühen und tropfenweise mit dem Futter geben.
- ➪ Heu oder Silage, die ohne EM eingebracht wurden, bei Einzelfütterung in EM-Wasser tauchen, in Raufen mit der gewünschten EM-Menge übersprühen.
- ➪ Rüben- und Kraftfutter kann über Nacht mit EM eingeweicht werden.

Steigert die Schmackhaftigkeit des Futters, fördert die Fermentation und Verdauung, verbessert Futterverwertung, Tageszunahmen und Wollqualität und stabilisiert die Pansenaktivität gegenüber Futterwechsel. Erhöht die Fruchtbarkeit, optimiert die Entwicklung der Lämmer, verringert Stoffwechselprobleme, Parasiten- und Wurmbefall, schützt vor Erkrankungen und verlängert die Lebenserwartung. Sorgt für besseres Fell, verbessert die Klauenqualität und senkt Futter- und Pflegekosten.

Siehe auch »Futter« (S. 145 f.), »Wiese« (S. 121 f.) und »Bokashi füttern« (S. 141 ff.).

Geburtshilfe

- ⇨ Nach der Geburt den Nabel des Lamms in 100 ml EM je 1 l Wasser tauchen (s. »Geburtshilfe«, S. 147 f.).

Klauenpflege

- ⇨ Klauenschere oder -messer mit 200 ml EM je 1 l Wasser reinigen und imprägnieren.
- ⇨ Vor dem Klauenschnitt ganze Klaue mit 100 bis 300 ml EM je 1 l Wasser reinigen bzw. in die EM-Lösung eintauchen.
- ⇨ Nach dem Schnitt Horn und Haut im Zwischenklauenspalt mit 40 ml EM je 1 l Wasser einsprühen oder ganze Klaue tauchen.
- ⇨ Abgeschnittenes Klauenhorn mit EM pur einsprühen.
- ⇨ Bei Klauenschäden oder -schwächen regelmäßig mit EM einsprühen oder in EM baden.
- ⇨ Bei Neuzugängen zur Herde Klauen mit EM reinigen und für einige Tage täglich alle Klauen in EM tauchen. Zusätzlich die Beine mit 50 bis 200 ml EM je 1 l Wasser einsprühen.
- ⇨ Klauenbad zur Prophylaxe von Moderhinke je nach Intensität der Stall- bzw. Weidepflege mit EM mit 300 bis 400 ml EM pro 10 l Wasser.
- ⇨ Standfläche für anschließende Einwirkzeit mit 50 bis 100 ml EM pro m^2 Fläche in Wasser verdünnt begießen.

Besiedelt Horn und Haut der Klauen mit regenerativen Mikroorganismen, verbessert die Klauenqualität durch gesundes Wachstum, Elastizität und Belastbarkeit, reduziert das Anhaften von Fliegeneiern sowie Parasitenbefall und -übertragung. Wirkt schmutzabweisend und beugt dem Auftreten von Moderhinke vor.

Schafschur

- ➪ Scherinstrumente vor und nach Benutzung mit 30 bis 40 ml EM je 1 l Wasser reinigen.
- ➪ Arbeitsplatz mit 30 bis 40 ml EM pro m^2 Fläche beliebig verdünnt einsprühen.
- ➪ Schaf nach der Schur mit 50 bis 200 ml EM je 1 l Wasser einnebeln oder einsprühen.
- ➪ Scherwunden und Sonnenbrand versorgen (s. »Verletzungen«, S. 166 f.).

Verbessert die Hygiene während der Schur, fördert die Heilung kleinster Verletzungen, schützt vor unerwünschter Übertragung von Mikroorganismen von Tier zu Tier.

Siehe auch »Fellpflege« (S. 144).

Stall

- ➪ Nach dem Ausstallen, bei Belegungswechsel oder vor dem ersten Einstallen den Stall innen gründlich mit 20 bis 40 ml EM pro 10 l Wasser reinigen.
- ➪ Anschließend mit 50 ml EM je 1 l Wasser Boden, Decke und Wände einnebeln oder -sprühen und, wenn möglich, mindestens 5 Stunden lang einwirken lassen. Bei Bedarf wiederholen, bis Geruch und Raumklima angenehm sind.
- ➪ Einstreu mit 70 bis 130 ml EM je m^2 gemäß Bedarf und beliebig verdünnt besprühen.
- ➪ Regelmäßig zweimal pro Woche, bei dichter Belegung bis zu täglich 10 bis 50 ml EM pro m^2 Bodenfläche, in kleinen Ställen mehr, in die Stallluft vernebeln oder versprühen. Dies besiedelt auch die Tiere und die Einstreu. Die EM zur besseren Verteilung beliebig mit frischem Wasser verdünnen.

- ⇨ Auf Auslaufflächen und in Unterständen dreimal jährlich und bei Bedarf bei Bodentemperaturen über 8 °C 500 ml EM verdünnt in Wasser je 100 m^2 Fläche ausbringen. Geil- und Kotstellen häufiger behandeln.

Besiedelt den Stall mit regenerativen Mikroorganismen, neutralisiert unangenehme Gerüche, verringert Ammoniakausdünstungen und beugt der Entstehung von Fäulnis, Gestank und Fliegenplagen vor. Stabilisiert die Herde und beruhigt die Tiere, schont die Klauen, stärkt gegen Krankheitseinflüsse und reduziert die Sterberate. Verringert Parasitenbefall, hält Lästlinge fern und schützt vor Wundinfektionen. Verringert Schadgase in der Stallluft und das Auftreten von Atemwegserkrankungen. Verbessert den Geruch von Stallmist beim Ausfahren auf die Weide und erhöht seine Düngewirkung.

Siehe auch »Stall« (S. 165 f.) und »Mistbehandlung« (S. 154).

Tränkewasser

- ⇨ Mit EM-Keramik versehen (s. Kap. 21 und »Trinkwasser«, S. 128 f.).

Transporthänger

- ⇨ Gründlich mit 40 ml EM pro 10 l Wasser reinigen.
- ⇨ Vor und nach jedem Transport mit 20 ml EM pro m^2 Fläche einsprühen.

Verbessert das Raumklima, vermindert das Erkrankungsrisiko und Transportstress. Tiere lassen sich in gut riechende Hänger leichter verladen, und der Stress vor dem Schlachten wird verringert.

Verletzungen

- Wunde mit 10 ml EM pro 100 ml Wasser so häufig wie angemessen auswaschen.
- Zum Schutz vor Verschmutzung eine Paste aus EM, 3 ml Manju oder EMzyme, EM-Keramikpulver, Heilerde und Lebensmittelöl anmischen und auf die Stelle so gut wie möglich aufbringen.
- Vor dem Kupieren Spannzange und Gummiring mit 30 bis 40 ml EM je 1 l Wasser reinigen. Schwanz vor Aufbringen des Ringes in 50 ml EM je 1 l Wasser tauchen oder Kupierstelle tränken. Nach dem Abfallen die Trennstelle mit EM benetzen, bis sie völlig verheilt ist.
- Bei der Kastration von Böcken das betroffene Areal vor dem Eingriff mit EM einsprühen und die Wunde mehrfach in praktikablen Zeitabständen mit 10 ml EM je 100 ml Wasser spülen.
- Bei Sonnenbrand nach der Schur die betroffenen Stellen mit 10 ml EM pro 100 ml Wasser so oft einsprühen, bis Heilung eintritt.

Fördert und beschleunigt die Heilung, schützt vor Infektion und Fäulnis und sorgt für raschen Wundverschluss. Verringert Narbenbildung und sorgt für dichtes Nachwachsen des Fells.

Zubehör

- Tränke, Futtertröge und Stallzubehör mit 30 bis 40 ml EM je 1 l Wasser reinigen.

Erleichtert die Reinigung, verringert die Wiederverschmutzung, fördert die Hygiene, hemmt unangenehme Geruchsentwicklung und verlängert die Haltbarkeit. Schützt vor Schimmelbefall, beugt der Übertragung unerwünschter Mikroorganismen vor und weist länger den Staub ab.

Stall

Die Menge und Häufigkeit der EM-Anwendungen richten sich nach dem Bedarf und den örtlichen Gegebenheiten. Je größer die Stallfläche ist und je kleiner die darauf lebenden Tiere sind, desto weniger EM werden während der Haltung pro m^2 benötigt. Die Verdünnung dient der besseren Verteilung der EM, sie können auch pur ausgebracht werden, sofern nicht empfindliche Materialien oder Tiere geschont werden müssen. Sie können wie folgt vorgehen:

- ⇨ Reinigen Sie den Stall vor dem ersten Einstallen, nach dem Ausstallen und bei jedem Belegungswechsel gründlich mit 10 bis 40 ml EM je 10 l Wasser.
- ⇨ Boden, Decke und Wände mit 50 ml EM je 1 l Wasser einnebeln oder -sprühen und, wenn möglich, mindestens 5 Stunden lang einwirken lassen. Bei Bedarf wiederholen, bis Geruch und Raumklima angenehm sind.
- ⇨ Einstreu mit 70 bis 130 ml EM je m^2 Bodenfläche besprühen. Bei dicken Packungen in Lagen schichtweise einsprühen.
- ⇨ Einmal pro Woche, bei Bedarf bis zu täglich, 7 bis 50 ml EM pro m^2 Bodenfläche im Stall vernebeln oder versprühen. Dies besiedelt auch die Einstreu.

Besiedelt den Stall mit einer harmonischen Mikrobengesellschaft, neutralisiert unangenehme Gerüche, bindet Staub, verringert Ammoniakausdünstungen und beugt der Entstehung von Fäulnis, Gestank und Fliegenplagen vor. Einstreu und Futter bleiben länger frisch. Verbessert das Raumklima für Tier und Mensch, erleichtert das Reinigen, verlängert die Reinigungsintervalle und schützt vor Krankheitseinflüssen. Erleichtert das Kompostieren von Kot und Mist. Verbessert den Geruch von Stallmist, Jauche und Gülle beim Ausfahren auf die Weide und erhöht deren Düngewirkung.

- EM-präparierter Mist (s.S. 154) aus einmal jährlich geleerten Tieflaufställen, in denen regelmäßig EM gesprüht werden, ist meist bereits so weit fermentiert, dass er ohne weitere Kompostierungsschritte direkt auf die Bodenflächen ausgefahren werden kann, was Zeit und Geld spart.

Tränkewasser

- Das Tränkewasser mit EM-Keramik (s. Kap. 21) bestücken (s. »Trinkwasser«, S. 128 f.).
- Darauf achten, dass die Keramikröhrchen und -ringe von größeren Tieren nicht verschluckt werden können.
- Flüssige EM nur dann zufügen, wenn sichergestellt ist, dass das Wasser binnen kürzester Zeit und zum Futter aufgenommen wird. In Tränkeschläuchen und -nippeln können bei stehender EM-Lösung schleimige Biofilme gebildet werden, die das Innenvolumen verringern bis verstopfen.
- Für kleine Haustiere gibt es im Handel getöpferte Trinknäpfe aus EM-Keramik.
- Tränken bei Bedarf mit 30 bis 40 ml EM je 1 l Wasser reinigen.

Belebt und stabilisiert das Trinkwasser, verbessert die Verträglichkeit, motiviert trinkfaule Tiere zum Saufen, hemmt Algenwachstum und verlängert die Erneuerungsabstände.

Verletzungen

- Stumpfe Verletzung mit EM verdünnt oder pur einsprühen, EM als Wickel aufbringen oder als Umschlag auflegen. Nach Bedarf häufiger, notfalls stündlich wiederholen. Warme Wickel nicht über 37 °C und kalte nicht unter 8 °C mit EM zusammenbringen.

- Offene Wunde mit 10 ml EM je 100 ml Wasser so häufig wie angemessen auswaschen.
- Schürfwunden mit 10 ml EM je 100 ml Wasser einsprühen. Immer die umgebende Haut großzügig mit EM versehen.
- Verletzungen auf Schleimhäuten sehr behutsam behandeln und EM immer verdünnen, da sie sonst beißen. Nicht direkt in die Augen bringen, gegebenenfalls verdünnt um das Auge herum auftragen.
- Frische EM verwenden!
- Bei wilden, nicht zu haltenden Tieren mit offenen Wunden eine Paste aus Heilerde, EM-Keramikpulver (s. Kap. 21) und einem passenden reinen Heil- oder Lebensmittelöl mit EM, wahlweise plus 3 ml Manju oder EMzyme, anmischen und so gut wie möglich auf die Stelle aufbringen. Dort trocknen lassen und erneuern, wenn die Packung abgefallen ist.
- Bei Tieren, die ihre Wunde auslecken, für eine gute Bakterienbesiedlung des Mundraumes sorgen.

Fördert rasche Blutstillung, Granulat- und Hautbildung, lindert Wundschmerz, schützt vor Fremdbesiedlung, sorgt für entzündungs- und narbenfreie Abheilung und gesundes Nachwachsen des Fells oder Gefieders.

Vögel

- Mit Bokashi füttern (s. »Futter«, S. 145 f.): etwa 2 Prozent Bokashi pro Futtermenge.
- Tränkewasser mit EM-Keramikröhrchen versehen (s. Kap. 21 und »Trinkwasser«, S. 128 f.).

- Ziervögel: 1 bis 2 Tropfen EM pro Vogel pro Tag ins frische Trinkwasser geben oder über das Futter sprühen. Verdünnung: 2 bis 4 ml EM auf 1 l Wasser.
- Tauben: 2 bis 6 Tropfen EM pro Taube täglich ins erneuerte Tränkewasser geben. Im Winter bei Frost übers Futter sprühen.

⇨ Täglich 1 bis 2 ml EM ins Badewasser geben, um das Wasser für die Gefiederpflege bakteriell anzureichern und damit die Vögel es nicht einkoten. Ein- bis zweimal wöchentlich in 5 bis 10 ml EM je 1 l Wasser baden lassen (s. »Badewasser für Tiere«, S. 139 f.).

⇨ Käfig oder Voliere zwei- bis dreimal pro Woche mit 5 bis 10 ml EM pro m^2 Bodenfläche aussprühen, auch über Vögel, Sitzstangen, Decke und Wände. Taubenstall drei- bis viermal jährlich mit 20 ml EM je 10 l Wasser auswaschen.

⇨ Vor dem »Einstallen« den gesamten Käfig oder die Voliere mit 20 bis 25 ml EM pro m^2 in beliebiger Verdünnung einsprühen und einwirken lassen. Bei Bedarf wiederholen, bis Geruch und Raumklima angenehm sind.

⇨ Erste Einstreu mit 20 bis 25 ml EM pro m^2 besprühen.

⇨ Volieren mit 30 bis 40 ml EM je 1 l Wasser gründlich, aber nicht nass einnebeln.

⇨ Käfig- und Volierenzubehör mit EM reinigen. Dazu alles gelegentlich für beispielsweise 8 Stunden in einem Bottich mit 50 bis 100 ml EM je 1 l Wasser einweichen und anschließend lufttrocknen.

Vogelfutterhäuschen

⇨ Vor und nach dem Winter mit 20 ml EM je 10 l Wasser gründlich auswaschen.

⇨ Mit EM einsprühen oder einweichen und bei Temperaturen über 14 °C trocknen lassen.

⇨ Das Vogelfutter vor jedem Füttern noch im Haus mit EM übersprühen und gut durchmischen.

Verbessert die Käfighygiene, reduziert unangenehme Gerüche und Fliegenbesuch, stärkt die Gesundheit der Tiere, schützt vor Verwurmung und hält Federlinge und Milben fern. Sorgt für gute Verdauung, sauberes, seidenweiches und glänzendes Gefieder, höhere Fruchtbarkeit und senkt Brut- und Jungvogelverluste. Verlängert die Käfigreinigungsintervalle und erleichtert die Reinigung. Steigert und stabilisiert bei Tauben Ausdauer, Flugkondition und -leistung.

Vogeltränke

⇨ Mit EM-Keramikröhrchen bestücken (s. Kap. 21 und »Trinkwasser«, S. 128 f.).
⇨ 2 Tropfen EM je 1 l Wasser zugeben.
⇨ Umgebung mit 25 ml EM je 1 l Wasser einsprühen.
⇨ Täglich den Rand und Zierat mit EM pur einsprühen. Tränke regelmäßig mit 40 ml EM je 1 l Wasser reinigen.
⇨ Steintränken gelegentlich mit EM pur für 2 Stunden einweichen und abschrubben.

✋ Materialverträglichkeit beachten.

Verbessert die Wasserqualität, hemmt Algenwuchs, erleichtert die Reinigung und schützt Vögel vor der Übertragung von Krankheiten. Gibt den Vögeln Bakterien für die Gefiederpflege.

33. MENSCH

Effektive Mikroorganismen können beim Menschen zur Korrektur einer gestörten Bakterienbesiedlung führen. Sie geben einen Impuls zur Selbstregulation und sind in der Lage, dadurch viele Krankheitssymptome zu lindern. Sie haben sich bei der inneren und äußeren Anwendung, in der Hygiene und zur Pflege der Umgebung bewährt. Die Effektiven Mikroorganismen

- stellen Vielfalt und Fülle im Mikrobiom wieder her,
- harmonisieren die Mikrobenbesiedlung von Mensch und Umgebung,
- stabilisieren die Gesundheit,
- verbessern die Schleimhautfunktion der Mikroorganismen,
- optimieren den Aufschluss der Nahrung und ihre Verdauung,
- fördern einen gesunden Stoffwechsel,
- heben Unverträglichkeiten auf,
- verbessern den Geruch von Ausdünstungen und Ausscheidungen,
- modulieren das Immunsystem,
- heilen Hautirritationen,
- lindern Juckreiz,
- fördern die Wundheilung,
- sorgen für rasche Abschwellung von Insektenstichen,
- korrigieren psychische Störungen,
- verbessern die Funktionen von Gehirn und Nerven,
- mildern Nebenwirkungen bei antibiotischer Therapie,
- befrieden antibiotikaresistent gewordene Mikrobenstämme,
- erleichtern die Hygiene,
- neutralisieren Gifte und steigern die Lebensqualität.

Es gibt EM-Präparate, die speziell für die Anwendung und Einnahme für Menschen konzipiert und zugelassen sind. Die Mengenangaben der in diesem Kapitel erwähnten Beispiele beziehen sich der Einfachheit halber auf die EM-Stammlösung.

👍 Verwenden Sie immer frische EM, keine EMa!

Sie sollten die EM nicht inhalieren. Eine Wirkung auf die Atemwege erfolgt über den Kontakt der Bakterien mit der Darmschleimhaut.
Der Einsatz von EM beim Menschen geschieht immer auf eigene Verantwortung. Man sollte niemandem ungefragt EM unterschummeln, selbst wenn man davon überzeugt ist, dass sie ihm helfen.
EM ergänzen sich gut mit bewährten Heilmitteln, ersetzen sie aber nicht. Auch wenn die erforderlichen Medikamente und Anwendungen in den folgenden Abschnitten nicht genannt sind, sollte man nicht grundsätzlich auf sie verzichten. Bei einer Erkrankung ist in jedem Fall ärztliche bzw. professionelle heilkundige Hilfe angeraten.

Bluterguss

- Mit 10 ml EM je 100 ml Wasser oder geringer verdünnt so oft wie möglich bestreichen oder als Umschlag auflegen und halbstündlich erneuern.

Lindert Schmerzen, nimmt Druckgefühl, bildet Bluterguss innerhalb kürzester Zeit zurück.

Darmstörungen

Akuter Durchfall

- ⇨ EM in einer Menge je nach Gewöhnung mit etwas Zwieback, geriebenem Apfel oder mit mindestens 250 ml EM-Keramik-Wasser (s. Kap. 21) einnehmen (s. »Einnahme«, S. 173 f., und »Dosierung«, S. 40 ff.).
- ⇨ Hände, Gesicht, Toilette, Trinkgefäße, Handtücher, Raumluft und Umgebung mit EM versorgen (s. »Reinigen von Oberflächen«, S. 204, und »Raumluft«, S. 203 f.).
- ⇨ Wenn möglich, in EM-Wasser baden (s. »Badewasser«, S. 125 f., und »Sitzbad«, S. 182).
- ⇨ Mitmenschen EM für Hände, Gesicht und Hygiene empfehlen. Haustiere mit EM versorgen.

Zusätzlich Birkenkohletabletten einnehmen.

Chronischer Durchfall

- ⇨ Essen mit EM zubereiten (s. S. 194 f.).
- ⇨ EM zum Essen einnehmen (s. S. 173 f.).
- ⇨ Wöchentlich mit EM baden (s. »Badewasser«, S. 125 f.).
- ⇨ Mit EM putzen (s. »Reinigen von Oberflächen«, S. 204).
- ⇨ EM in der Raumluft versprühen (s. S. 203 f.).

Darmentzündung

- ⇨ Siehe »Einnahme« (S. 173 f.) und »Dosierung« (S. 40 ff.).
- ⇨ Umgebung und Haustiere gründlich mit EM versorgen.

Persönliche äußere und seelische Grenzen klären.

Gleicht die Mikrobenbesiedlung der Verdauungsorgane aus, korrigiert Verdauungsstörungen und Unverträglichkeiten, unterstützt die Schleimhautfunktion, neutralisiert Toxine, heilt entzündliche Prozesse, moduliert das Immunsystem und beeinflusst die Gesundheit positiv.

Verstopfung

- ➪ EM zum Essen einnehmen (s. S. 173 f.).
- ➪ Wickel mit EM-Lösung oder EM-Keramikpulver (s. Kap. 21) auf den Bauch legen (s. S. 182).
- ➪ EM-Keramik-Wasser trinken (s. »Trinkwasser«, S. 128 f.).

Einnahme

- ➪ Mikroorganismen nimmt man in der Regel zusammen mit Nahrung ein.
- ➪ Immer mit einer geringen Menge EM anfangen und behutsam steigern (s. »Dosierung«, S. 40 ff.).
- ➪ Die Menge ist individuell zu wählen, und die tägliche endgültige Dosis kann 1 Tropfen bis dreimal täglich 20 ml betragen.
- ➪ Für eine tiefergehende Wirkung ist eine regelmäßige Einnahme über mindestens 3 Monate erforderlich.
- ➪ EM können auch Sondenkost tropfenweise beigegeben werden.
- ➪ Im Krankheitsfall ist ärztliche oder heilpraktische Betreuung zu suchen.

Gesunde Menschen

- ➪ Täglich dreimal 3 Tropfen EM, alle 3 Tage um 1 Tropfen, später um mehr bis zur gewünschten Menge steigern.

Bei Störungen wie Asthma, Heuschnupfen, Lebensmittelunverträglichkeit, Allergie oder Neurodermitis

- Täglich dreimal 1 Tropfen EM, dabei die Verträglichkeit beobachten.
- Wenn verträglich, alle 3 bis 8 Tage täglich ein- bis dreimal um 1 Tropfen steigern.
- Wenn nicht: auf ein- bis zweimal 1 Tropfen reduzieren.

Bei chronisch entzündlicher Magen- oder Darmerkrankung

- Einmal täglich 1 Tropfen EM, Verträglichkeit beobachten. Zunächst wöchentlich um je 1 Tropfen steigern, später um je dreimal 1 Tropfen.

Gleicht die Mikrobenbesiedlung der Verdauungsorgane aus, korrigiert Verdauungsstörungen und Unverträglichkeiten, gibt den Darmzellen Energie, verbessert die Schleimhautfunktion und stärkt die Darmbeweglichkeit. Neutralisiert Toxine, heilt entzündliche Prozesse, moduliert das Immunsystem und unterstützt die Gesundheit.

Fasten

- EM, wenn keine Nahrung verzehrt wird, mit reichlich Flüssigkeit einnehmen: Die Passage durch den Magen in den Darm erfolgt erst ab einer Menge von 250 ml auf einmal. Nicht in heiße Suppe geben (s. »Einnahme«, S. 173 f.).
- EM-Keramik-Wasser (s. Kap. 21) trinken.
- Mit EM baden (s. S. 125 f.).

Schont die Darmmikroben während des Nahrungsmangels, beugt Toxinbildung und Pilzwachstum vor und neutralisiert Ammoniak und Entgiftungsprodukte im Darm. Hält die Modulation des Immunsystems aufrecht und verbessert den Geruch der Darmgase.

Fußbad

- ⇨ 50 ml EM je 1 l Wasser (s. »Badewasser«, S. 125 f.).
- ⇨ 2 bis 3 Keramikröhrchen je 1 l Wasser oder 1 Keramikring (s. Kap. 21) verwenden.

Gleicht die Besiedlung der Fußmikroorganismen aus, aktiviert die Fußreflexzonen, belebt den Fuß, bringt Fußpilz zum Verschwinden und erleichtert die Hornhautentfernung.

Fußpilz

- ⇨ 10 ml EM auf 100 ml oder weniger Wasser zwei- bis dreimal täglich nach dem Waschen zwischen die Zehen sprühen. EM über den ganzen Fuß verteilen. Gut trocknen lassen.
- ⇨ 200 mg EM-Keramikpulver (s. Kap. 21) je Fuß, zum Beispiel mit etwas Hautpuder vermischt, zwischen die Zehen pudern.
- ⇨ EM einnehmen (s. S. 173 f.).
- ⇨ Fußbad mit EM (siehe oben).
- ⇨ Schuhe innen und Strümpfe mit 30 ml EM je 1 l Wasser einsprühen und trocknen lassen (s. »Schuhe«, S. 207).
- ⇨ Antimikrobielle Socken und Schuheinlagen vermeiden.

Reguliert Fußpilz, reduziert Schweißgeruch, lindert Juckreiz und Entzündungen und schließt Wunden.

Geburt

- ⇨ In der Schwangerschaft EM einnehmen (s. »Einnahme«, S. 173 f.). Darmmikroorganismen werden über mütterliches Blut durch die Nabelschnur an das Ungeborene weitergegeben.
- ⇨ Vor der Entbindung die Umgebung mit 20 bis 35 ml EM je 1 l Wasser oder EM-Keramik-Wasser (s. Kap. 21) abwischen oder einsprühen.
- ⇨ Vor der Geburt Sitz- oder Vollbad mit EM nehmen (s. »Badewasser«, S. 125 f., und »Sitzbad«, S. 182).
- ⇨ Hände und Arme der Eltern, Helfer und später der Besucher mit EM waschen.
- ⇨ Neugeborenes in EM-Keramik-Wasser baden. Bei Bedarf EM zufügen.
- ⇨ Brust mit 5 ml EM je 1 l Wasser oder EM-Keramik-Wasser waschen.
- ⇨ Bei Fehlen von Kolostrum EM reichlich in der direkten Umgebung des Kindes versprühen.

Sorgt für eine gute Hygiene vor und während der Geburt, bewirkt beim Kind eine gesunde äußerliche und innerliche Erstbesiedlung und Erstprägung des Immunsystems und verbessert die Verdauung der Muttermilch. Hält Fremdbesiedlung fern und vermindert bei der Mutter das Risiko für Geburtswege- und Brustentzündungen.

Halsschmerzen

- ⇨ ½ TL EM (circa 2 ml) in ½ Glas Wasser (circa 100 ml) geben, damit gurgeln und ausspucken. Gurgelwasser nicht trinken.
- ⇨ Häufig wiederholen, im akuten Fall stündlich und nach jedem Trinken.

Lindert Schmerzen, korrigiert entzündliche Reize, entlastet Rachen- und Halsmandeln, moduliert Rachenimmunzellen, reduziert Schwellung, löst Krusten von vereiterten Mandeln, vermeidet Operationen.

Hautstörungen

Hautflecken

- ➪ 10 ml EM je 100 ml Wasser, nach Eingewöhnung auch geringer verdünnt, ein- bis dreimal täglich auf die Hautstellen und die Umgebung auftragen.
- ➪ EM einnehmen (s. S. 173 f.).

Hautpilz

- ➪ EM auf die betroffenen Stellen, zunächst verdünnt, später pur.
- ➪ Bei Vaginalpilz: Tampon mit einigen Tropfen EM tränken.

Siehe auch »Fußpilz« (S. 175).

Herpesbläschen, Pickel, Warzen

- ➪ EM pur oder gering verdünnt so oft wie möglich auf Bläschen, Pickel bzw. Warze auftragen.
- ➪ Bei Schmerzen und Entzündung EM als Kompresse auflegen (s. S. 182).

Neurodermitis

- ➪ 5 bis 10 ml EM pro 100 ml Wasser erst probeweise mehrfach täglich auf eine betroffene Hautpartie auftragen. Wirkung beobachten. Bei Erfolg auf andere Partien erweitern.

- ⇨ Mit EM baden (s. S. 125 f.).
- ⇨ EM einnehmen (s. S. 173 f.).

Schuppenflechte

- ⇨ Tropfenweise EM, gegebenenfalls mit etwas EM-Keramikpulver in Fettcreme einmischen, schuppige Stellen damit eincremen.
- ⇨ Mit EM baden (s. S. 125 f.).
- ⇨ EM einnehmen (s. S. 173 f.).

Windeldermatitis

- ⇨ Babypo mit 5 ml EM je 100 ml EM-Keramik-Wasser (s. Kap. 21) einsprühen, trocknen lassen.
- ⇨ Windel vor dem Wickeln mit EM einsprühen, ganz trocknen lassen.
- ⇨ Creme tropfenweise mit EM vermischen, gegebenenfalls zusätzlich mit EM-Keramikpulver.

Gleicht Defizite in der Hautmikrobengesellschaft aus, lindert Juckreiz, glättet Haut, heilt Entzündungen, verhindert Superinfektion, beseitigt Schuppenbildung und bringt Altersflecken zum Verschwinden.

Insektenstiche

- ⇨ Stichstelle und Schwellung mit 1 Teil EM auf 10 Teile Wasser, bei voriger Gewöhnung an EM auch pur, so oft wie möglich bestreichen, bis nichts mehr zu sehen ist.
- ⇨ Oder eine Paste aus EM, feinem Urgesteinsmehl oder Heilerde und EM-Keramikpulver (s. Kap. 21) mischen und auftragen.
- ⇨ Bienenstiche: EM pur auftragen.

Lindert den Juckreiz, reduziert die Schwellung und führt zu rascher Abheilung. Beugt Entzündungen vor.

Keramikschmuck

Die Energie der EM-Keramik (s. Kap. 21) am Körper wirkt sich von Mensch zu Mensch oder auch Tier unterschiedlich aus. Wichtig ist daher eine zuverlässige Wahrnehmung der jeweiligen Energie, der Wirkung auf den Organismus und das richtige Maß zur richtigen Zeit. Zu viel EM-Keramik am Körper kann den Schlaf beeinträchtigen oder altes Krankheitsgeschehen mobilisieren, das noch nicht ausgeheilt war. Dann ist eine adäquate Therapie erforderlich.

⇨ Einzelne EM-Keramikröhrchen (s. Kap. 21) zwischen Perlen aufgefädelt oder in ein Band geflochten als Arm- oder Halsband tragen.

Geht in Resonanz mit Körperzell- und Gewebewasser, aktiviert Heilungsprozesse, mobilisiert Energien, neutralisiert die Wirkung elektromagnetischer Strahlungen und unterstützt die Anwendung von EM.

👍 Es genügt, einige EM-Keramikröhrchen in der Rock- oder Hosentasche zu tragen, damit der Körper in Resonanz mit der EM-Information geht. Einseitiges Tragen von EM-Keramikschmuck an Füßen oder Armen kann mittelfristig zu einem Ungleichgewicht führen.

Mundgeruch

- ⇨ Mund nach dem Zähneputzen bzw. nach jeder Mahlzeit mit ½ TL EM (circa 2 ml) auf ½ Glas Wasser (circa 100 ml) spülen und Wasser ausspucken.
- ⇨ Gurgelwasser nicht herunterschlucken. Antimikrobielle Mundwasser weglassen.
- ⇨ EM einnehmen (s. S. 173 f.).

Korrigiert die Mikrobenbesiedlung in Mund- und Rachenraum, beseitigt Mundgeruch.

Resistente Bakterien

Um in einer Situation mit resistent gewordenen Bakterien eine Umstimmung eines Milieus zu bewirken, können Sie wie folgt verfahren:

- ⇨ Lassen Sie sämtliche desinfizierende Reinigungsmittel weg, auch desinfizierende Körper- und Mundpflegemittel.
- ⇨ Raum täglich mit mindestens 20 ml EM je 1 l Wasser wischen.
- ⇨ Mindestens einmal wöchentlich 30 ml EM je 1 l Wasser in der Raumluft versprühen.
- ⇨ Betroffene Personen mindestens täglich mit 100 ml EM je 1 l Wasser waschen.
- ⇨ EM-Keramik (s. Kap. 21) ins Trinkwasser geben (s. S. 128 f.).
- ⇨ Vereiterte Wunden und Druckgeschwüre mit 2 ml EM je 1 l Wasser gründlich auswaschen und anschließend mit EM pur durchtränken.
- ⇨ Der Ernährung EM zufügen (s. S. 194 f.).

Lässt resistente Bakterienstämme verschwinden, besiedelt mit gesunder Mikrobenvielfalt, fördert Wundheilung, beseitigt Erbrechen, Durchfall, Entzündungen und fauligen Geruch im Krankenzimmer, vermindert oder spart Quarantäne, Pflegeaufwand, Zeit und Geld.

Werden erneut desinfizierende Maßnahmen ergriffen, können die resistenten Stämme wieder in Erscheinung treten.

Sepsis

- Gesamte Umgebung – Bett, Nachtkasten und so weiter – mit 20 ml EM je 1 l Wasser reinigen.
- Böden mit EM wischen (s. S. 190).
- Teppiche und Textilien mit EM einsprühen (s. S. 208 und 208 f.).
- 30 ml EM je 1 l Wasser in der Raumluft versprühen (s. S. 203 f.).
- Ess- und Trinkgeschirr mit EM-Keramik-Wasser (s. Kap. 21) nachspülen.
- Betroffene Person vollständig und so oft wie angemessen mit 200 bis 500 ml EM je 1 l Wasser waschen.
- EM tropfenweise mit der Nahrung oder in der Sonde einnehmen (s. S. 173 f.).
- EM-fermentiertes Getränk trinken oder in die Mundschleimhaut sprühen (s. Kap. 24).
- Offene Wunden mit 2 ml EM je 1 l Wasser auswaschen, anschließend bis zu stündlich mit EM und/oder EM-fermentiertem Getränk tränken oder besprühen.
- Hände der Pflegepersonen und Besucher mit verdünnten EM waschen.

Heilt Sepsis.

Sitzbad

1. Plastiktüte in Toilettensitz einklemmen, so dass eine Kuhle entsteht.
2. Mit 50 bis 100 ml EM je 1 l lauwarmes Wasser füllen.
3. Für wenige Minuten hineinsetzen.
4. Wasser in die Toilette abfließen lassen. Es kann dort stehen bleiben und reinigt die Keramik und den Abfluss.

Kuriert Entzündungen und Pilzübersiedlung und beugt Fehlbesiedlungen vor.

☝ Sitzbäder sollten nie länger als 8 Minuten dauern, da die Haut sonst zu sehr aufweicht.

Umschläge

- ⇨ EM gering verdünnt auf ein weiches Tuch geben und auf die betroffene Körperpartie auflegen. Nach Bedarf erneuern.
- ⇨ Warme Wickel nicht über 37 °C und kalte Wickel nicht unter 8 °C mit EM zusammenbringen.
- ⇨ EM-Keramikpulver (s. Kap. 21) auf die Hälfte eines Tuches streuen, die andere Hälfte darüberklappen und mit engen Stichen zusammensteppen. Wenn das Tuch dafür nicht dicht genug ist, Frischhaltefolie zwischen Tuch und Keramikpulver legen. Auf betroffene Körperstellen auflegen.

Gleicht Mikrobenbesiedlung aus, lässt Schwellungen zurückgehen, fördert die Rückbildung von Blutergüssen, lindert Schmerzen und verkürzt den rheumatischen Schub.

Verletzungen

Frische offene Wunde

- ⇨ Mit 1 bis 10 ml EM je 100 ml Wasser einsprühen oder auswaschen. (Bei höherer Konzentration beißen EM in der Wunde, beschleunigen aber auch die Heilung.)
- ⇨ Umgebung mit 10 ml EM je 100 ml Wasser einsprühen.
- ⇨ Schürfwunden mit 10 ml EM je 100 ml Wasser einsprühen.

Chronische offene Wunde, Druckgeschwür

- ⇨ Mit 1 bis 10 ml EM pro 100 ml EM-Keramik-Wasser (s. Kap. 21) so häufig wie möglich auswaschen.
- ⇨ EM-Kompressen auflegen (siehe »Umschläge«, S. 182).
- ⇨ EM innerlich einnehmen (siehe »Einnahme«, S. 173 f.).

Stumpfe Verletzung

- ⇨ EM verdünnt oder pur einsprühen, als Wickel aufbringen oder als Umschlag (s. S. 182) auflegen.
- ⇨ Nach Bedarf häufiger, notfalls stündlich wiederholen.

Verbrennung, Verbrühung oder Sonnenbrand

- ⇨ Gerötete Flächen mit EM besprühen und/oder mit EM-Umschlag (s. S. 182) kühlen.
- ⇨ Offene Flächen mit 10 ml EM je 100 ml EM-Keramik-Wasser (s. Kap. 21) einsprühen.
- ⇨ Immer die Umgebung großzügig und regelmäßig mit EM versehen.

Verletzungen auf Schleimhäuten

- Sehr behutsam behandeln und EM immer verdünnen, beispielsweise 1 ml EM je 100 ml Wasser.
- Nicht direkt ins Auge bringen, sondern verdünnt um das Auge herum verteilen.

Fördert rasche Blutstillung, Granulat- und Hautbildung, lindert Wundschmerz, schützt vor Fremdbesiedlung und Vereiterung. Verdaut zerstörte Zellen zu heilsamen Enzymen, sorgt für entzündungs- und narbenfreies Abheilen und gesundes Nachwachsen der Haut.

Zähne und Zahnfleisch

- Mund nach dem Zähneputzen bzw. nach jeder Mahlzeit mit ½ TL EM (circa 2 ml) auf ½ Glas Wasser (circa 100 ml) spülen und Wasser ausspucken.

Korrigiert Mikrobenbesiedlung in Mund- und Rachenraum, verhindert und beseitigt Entzündungen, festigt Zahnfleisch und sorgt für Speichelenzyme. Reduziert Zahnfleischbluten und Zahnsteinentstehung, fördert die Heilung nach Zahnbehandlungen und beseitigt Mundgeruch.

EM nie pur auf die Zahnbürste. Unverdünnte EM-Lösung ist sauer und kann die Kalkanteile des Zahnschmelzes abbauen.

Zahnersatz

- Über Nacht in 20 ml EM je 100 ml Wasser einlegen.

Reinigt, löst Ablagerungen, verhindert Geruchsentwicklung.

Zahnersatz-Herstellung

⇨ EM-Keramikpulver (s. Kap. 21) in Inlays, Kronen und Brücken einarbeiten lassen.

Vergrößert die Verträglichkeit, reduziert Fremdkörperwirkung und Empfindlichkeit der restlichen natürlichen Zähne, verbessert den Zahnfleischanschluss an künstliche Zähne und das Tragegefühl.

✋ Die antioxidative Ausstrahlung der EM-Zahnersatzmaterialien kann in Einzelfällen zum Anregen einer Entgiftungsreaktion im Körper führen.

34. HAUSHALT UND AUTO

Effektive Mikroorganismen können im Haushalt bei nahezu jeder Arbeit eingesetzt werden. Sie erleichtern die Arbeit und ermöglichen es, umweltfreundlich im Einklang mit dem Kreislauf des Lebendigen tätig zu sein. Sie

- reinigen Oberflächen,
- besiedeln sie mit einer harmonischen Mikrobengesellschaft,
- beseitigen Ablagerungen,
- verhindern deren Wiederentstehung,
- sanieren Schimmel und hemmen seine Bildung,
- neutralisieren unangenehme Gerüche,
- entgiften toxische Ausdünstungen,
- erleichtern die Arbeit,
- energetisieren Wasser,
- erlauben ein umweltverträgliches Wirtschaften,
- schaffen ein angenehmes Wohnklima,

- fermentieren Nahrungspflanzen zu hochwertigen Lebensmitteln,
- ermöglichen die Wiederverwendung von Küchenabfällen.

Es ist bequem, eine handliche Sprühflasche mit verdünnten EM im Haushalt griffbereit zu haben, mit der man EM jederzeit bei Bedarf anwenden kann. Nach je nach Raumtemperatur etwa alle 1 bis 2 Wochen entleert man die nicht benötigte Menge, beispielsweise durch Gießen im Garten, spült die Flasche mit sehr heißem Wasser gründlich aus und befüllt sie frisch.

Abflüsse

⇨ EM pur in den Abfluss gießen. Abflussstöpsel schließen, damit keine zusätzliche Luft eindringt.

⇨ Je nach Verschmutzungsgrad längere Zeit einwirken lassen, beispielsweise über Nacht, bei verstopften Abflüssen mindestens 8 Stunden. So oft wiederholen, bis der Abfluss wieder frei ist.

⇨ Vor mehrtägiger Abwesenheit vom Haus, beispielsweise vor Reisen, bei selten benutzten Anlagen oder bei Ferienhäusern und Hotels in der Winterpause EM in alle Abflüsse geben und dort wirken lassen. (Nach der Einwirkzeit in Toilettensiphons kann sich ein scharfer Geruch bemerkbar machen, der sich aus verdauten Ablagerungen entwickelt hat und nach dem ersten Spülen und Lüften verschwindet.)

⇨ Hat sich an der Wasseroberfläche ein brauner Rand an der Keramik gebildet, lässt er sich mit einer Bürste oder durch Einsprühen mit EM und Abwischen entfernen.

Verhindert Ablagerungen in den Abflussrohren, löst vorhandene Beläge auf, zersetzt Schlämme und verhindert Fäulnisbildung sowie Geruchsentwicklung im stehenden Wasser.

Auto

- ➪ Mit 20 ml EM je 1 l Wasser äußerlich einsprühen, stark verschmutzte Stellen einwirken lassen, anschließend waschen.
- ➪ Motorraum mit EM einsprühen.
- ➪ Roststellen mit EM pur einweichen, anschließend abschmirgeln und überlackieren.
- ➪ Innen Polster, Teppiche und Matten mit verdünnten EM einsprühen. Bei starken Flecken auf Polstern fast pur auftragen, einwirken lassen. Dabei die Textilfarbe beachten. Anschließend absaugen. Gegebenenfalls mehrfach wiederholen.
- ➪ Im Innenraum versprühen.
- ➪ Fenster innen putzen.
- ➪ Armaturen mit verdünnten EM abwischen.

Löst Schmutz leichter, verlangsamt die Wiederverschmutzung, hemmt Rostbefall und verhindert Wiederaufblühen, löst Schmierfilme und verzögert Staubablagerung. Kann auch hartnäckige Flecken z. B. von Tierharn, Milch oder Erbrochenem beseitigen und neutralisiert Gerüche z. B. von Kunststoff, Nikotin, Tieren oder Parfüm.

👍 Bei der Verwendung von EMa zum Putzen der Fenster von innen darauf achten, dass keine Restmelasse in der Lösung ist, da sonst Spuren davon auf dem Glas zurückbleiben, die beim Niederschlag von Kondenswasser an den Scheiben das Abwischen erschweren.

Balkonkästen

- ⇨ Zugekaufte Erde vorbereiten (s. »Pflanzerde«, S. 112 f.).
- ⇨ Pflanzen vor dem Einsetzen rundum mit 20 ml EM je 1 l Wasser einsprühen.
- ⇨ Mit 200 ml EM je 10 l Wasser angießen, und zwar etwa 2 bis 3 l pro m Blumenkasten direkt an die Pflanzen.
- ⇨ Nach Bedarf, zum Beispiel alle 4 Wochen, erneut mit EM gießen.
- ⇨ Zum regelmäßigen Gießen kann das Wasser mit 15 EM-Keramikröhrchen (s. Kap. 21) je 10 l informiert werden.
- ⇨ Einmal pro Woche die Pflanzen mit 20 ml EM je 1 l Wasser einsprühen, jedoch nicht in offene Blüten und nicht während Sonneneinstrahlung.
- ⇨ Bei Schädlings- oder Pilzbefall feines Bokashi (s. Kap. 22 und S. 95 ff.) in die Erde zwischen den Pflanzen einarbeiten, durchdringend mit EM gießen und mit EM einsprühen. Gegebenenfalls mit EM-Keramikpulver, auf die Erde im Kasten gepudert, unterstützen.

Will man EM-Kompost oder frisches Küchenbokashi (s. S. 190 ff.) beim Bepflanzen des Kastens verwenden, kann man ihn im unteren Bereich als Nahrungsvorrat einschichten:

1. $^1/_5$ der Gefäßhöhe mit Erde füllen.
2. Darauf Bokashi geben und mit etwas Erde vermengen.
3. Je nach Größe des Pflanzballens ein weiteres Fünftel mit Erde füllen.
4. Pflanzen daraufsetzen.
5. Kasten vollständig mit Erde füllen.
6. Angießen.

Fördert die Pflanzengesundheit, führt zu üppigem Blühen und reduziert den Düngemittelbedarf. Vergrößert die Wasserhaltekapazität und vermindert Schädlings- und Pilzbefall. Gibt den Pflanzen Glanz und verringert das Ansetzen von Staub.

Betten

- ⇨ Bettzeug, Unterlagen und Matratzen bei Bedarf mit 20 ml EM je 1 l Wasser einsprühen, einwirken und an luftigem Ort im Schatten gut trocknen und lüften lassen. Anschließend ausschütteln oder ausklopfen.
- ⇨ Vor dem Wechsel des Bettzeugs und dem Einlagern für Winter oder Sommer auch den Aufbewahrungsort gründlich einsprühen.

Beseitigt Gerüche, mindert den Besatz mit Milben und anderen unerwünschten Bettgästen, verbessert den Schlaf insbesondere für Menschen mit Unverträglichkeiten.

Siehe auch »Flecken entfernen« (S. 196 f.).

Biotonne

- ⇨ Leere Tonne mit EM pur aussprühen oder auswaschen.
- ⇨ Jede neue Einfüllung mit EM pur besprühen.
- ⇨ Idealerweise die Küchenabfälle bei ihrem Entstehen bereits in der Küche mit EM pur besprühen.
- ⇨ Im Sommer bei hohen Temperaturen ein mit EM getränktes Zeitungspapier in die Tonne obenauf legen.

Vermindert Geruchsentwicklung und Fliegenbesatz und unterstützt eine umweltfreundliche Entsorgung der Biomasse.

Boden wischen

- ⇨ 10 ml EM in je 5 l Wischwasser geben und die Flächen damit reinigen. Es kann nach Gebrauch in den Garten gegossen werden.
- ⇨ Bei empfindlichen Flächen weniger, bei stärker verschmutzten Flächen gegebenenfalls mehr EM nehmen.
- ⇨ Auch Holzböden können mit EM-Wasser feucht gewischt werden.

Der Schmutz löst sich leichter, die Böden werden schön sauber, erhalten Glanz, und die Reinigungswirkung hält länger an. Verringert die Parasitendichte, auch von Staubmilben, und verbessert das Raumklima.

Bokashi aus der Küche

Alle organischen Küchenabfälle können mit EM in Dünger umgewandelt werden, sogar schimmelige Zitrusfrucht- und Bananenschalen. Dazu benötigt man:

Sammelgefäß mit Sieb am Grund und Abflusshahn
für Sickersäfte,
EM,
Tüte mit Sand zum Beschweren des Inhalts,
Sprühflasche,
Küchenschere.

Es gibt fertige Bokashi-Eimer im Handel, die alle nötigen Strukturen aufweisen (s. Kap. 22).

Gehen Sie folgendermaßen vor:

1. Die täglich anfallenden Küchenabfälle können Sie bequemerweise zunächst in einem einfachen Gefäß sammeln und am besten immer gleich mit EM einsprühen.
2. Ist eine ausreichende Menge zusammengekommen, alles möglichst dicht in den Bokashi-Eimer schichten. Dabei gröbere Teile mit der Schere zerkleinern, damit keine Lufträume verbleiben.
3. Jede Schicht mit EM pur besprühen oder fertiges Trockenbokashi darüberstreuen.
4. Oberfläche bedecken, damit sie anaerob bleibt (s. S. 69 f.), beispielsweise mit einer Plastiktüte, die mit Sand gefüllt wird. Da EM Kunststoff verdauen können, sicherheitshalber zwei Tüten ineinanderstecken und die äußere nach einigen Monaten austauschen.
5. Den gesammelten Sickersaft mindestens zweimal wöchentlich ablassen, damit das Material nicht von unten her damit getränkt wird. Man kann ihn zum Reinigen von Abflüssen verwenden oder, sofern er angenehm riecht, verdünnt in den Garten gießen.

Beim Wiederöffnen des Eimers sieht man auf der Oberfläche des Materials unter Umständen weißliche Pilzfäden. Dies ist ein normaler Teil der Fermentation. Hat sich hingegen Blau- oder Schwarzschimmel gebildet, ist zu viel Luft zugetreten. Man muss dann die zu großen Lufträume beseitigen und reichlich EM pur hinzugeben, damit er wieder verschwindet, kann ihn aber mit viel EM pur weiter befüllen.

Die Entstehung des Sickersaftes ist abhängig vom Flüssigkeitsgehalt des Materials. Bei großflächigen Materialien, die einen Abfluss verhindern können, sticht man mit einem langen Messer senkrechte Schlitze in das Bokashi.
Ist der Bokashi-Eimer voll, hat man verschiedene Möglichkeiten, damit umzugehen:

- Man lässt den Eimer 3 bis 5 Wochen an einem warmen Platz fermentieren und nutzt den Inhalt anschließend als Dünger. Derweil braucht man einen anderen Bokashi-Eimer für die Küche.
- Man füllt den Inhalt dicht gepackt in einen Plastiksack um und lässt ihn darin fermentieren. Dies kann insbesondere im Winter sinnvoll sein, wenn draußen Frost herrscht. Den Sack mit Loch und Siebchen für abfließenden Sickersaft versehen.
- Man schichtet den Inhalt auf den Komposthaufen und lässt ihn dort vererden. Dies gibt einen fermentativen Impuls für den übrigen Kompost.
- Man schichtet den Inhalt im Wechsel mit Gartenerde dicht in einen Pflanzkübel, den man einige Wochen später bepflanzen möchte, und stellt diesen währenddessen warm.

Solange der Inhalt noch nicht fermentiert ist, gräbt man Bokashi nicht direkt in den Gartenboden ein, weil es sonst zu Fäulnisprozessen kommen kann.
Nach Abschluss der Fermentation, die je nach Temperatur 3 bis 5 Wochen dauert, riecht der Inhalt angenehm milchsauer. Seine Strukturen bleiben erhalten, das heißt, er ist nicht vererdet, jedoch mikrobiell fermentiert.
Fertiges Bokashi kann man als Dünger verwenden. Dabei sollte entweder ein ausreichender Abstand zu Pflanzenwurzeln eingehalten werden, so dass sie erst in frühestens 2 Wochen an das Bokashi her-

angewachsen sind, oder man gräbt es in Erde ein, die frühestens 2 Wochen später bepflanzt wird.
Stinkt der Inhalt des Bokashi-Eimers,

- war zu viel Luft eingetreten,
- wurde das Material unzureichend zerkleinert,
- wurden zu wenig oder zu alte EM verwendet oder
- der Sickersaft war nicht abgelaufen.

Das Fermentieren der Küchenabfälle zu Bokashi führt alle organischen Materialien in den Kreislauf des Lebendigen zurück, bewahrt deren Energie, verhindert die Geruchsentwicklung, vermeidet Fliegenbesatz und bildet fruchtbaren Dünger.

Brot backen

⇨ Mehl mit 4 bis 6 EM-Keramikröhrchen (s. Kap. 21) pro kg Mehl vermischt lagern und vor Gebrauch aussieben.
⇨ Das Wasser für die Teigbereitung und das Bestreichen der Oberfläche zunächst etwa 10 Minuten lang mit EM-Keramikröhrchen oder in einem EM-Keramikgefäß stehen lassen.
⇨ Beim Anfrischsauer je 100 g Roggenmehl dem zu verwendenden Wasser 20 ml frische EM zugeben.
⇨ Dem Grundsauer etwas EM zugeben.

Hält Mehl länger frisch, macht Sauerteigansatz unempfindlicher gegenüber Temperaturschwankungen, lässt Brotteig gut aufgehen und Vollkornbrot leichter gelingen. Sorgt beim Brot für gleichmäßigere Textur, besseres Aroma, längere Frische und bessere Bekömmlichkeit.

Bügeln

- ⇨ Das Wasser zum Bügeln vorher mit EM-Keramik (s. Kap. 21) zusammen 5 bis 10 Minuten stehen lassen.

Sorgt für schöne Glättung von Falten. Vermindert Kalkansatz im Wassertank.

✋ Gibt man EM direkt ins Bügeleisen, sterben sie bei Temperaturen über 40 °C ab.

Dunstabzugshaube

- ⇨ Gehäuse, Fett- und Geruchsfilter mit 25 ml EM je 1 l Wasser einnebeln.
- ⇨ Verschmutzte Flächen besprühen, mindestens 15 Minuten lang einwirken lassen und abwischen.
- ⇨ Je nach Dicke des Schmierfilms mit EM pur einweichen und gegebenenfalls mehrfach wiederholen.

Erleichtert das Reinigen der Flächen, verzögert die Wiederverschmutzung, reduziert die Schmierbildung und verlängert Reinigungs- und Wartungsintervalle.

Essen zubereiten

- ⇨ Salat und Gemüse nach dem Putzen mit 10 ml EM je 5 l Wasser waschen, abtropfen lassen und bei Bedarf trockenschleudern. Schleuderwasser den Blumen geben.
- ⇨ Schneidebretter mit EM-Wasser feucht abwischen.

- ⇨ Alle Fermentationsprozesse bei der Speise- oder Getränkezubereitung und -lagerung können mit einer kleinen Zugabe von EM unterstützt werden.

Sorgt für Hygiene in der Küche, hält Lebensmittel länger frisch, verhindert unerwünschte Verkeimung, gibt eine gesunde Mikrobenbesiedlung für den Verzehr.

Fenster putzen

- ⇨ Fenster mit 10 ml EM je 5 l Wasser in Wasser wie gewohnt putzen.
- ⇨ Hartnäckigen Schmutz wie Fliegendreck zunächst mit EM pur einsprühen und kurz einweichen lassen.
- ⇨ Darauf achten, dass bei der Verwendung von EMa kein Überschuss an Melasse in der Lösung verblieben ist, da der Zuckeranteil im Wasser zu einer Schmierschicht führen kann.

Erleichtert die Reinigung, sorgt für schlierenfrei glänzende Scheiben, verzögert das Wiederansetzen von Schmutz und spart chemische Reinigungsmittel.

👍 Bei alten Glasfenstern mit organischem Fensterkitt die Ränder mit klarem Wasser nachwischen. Beim Verdauen der organischen Anteile durch EM könnte der Kitt sonst auf Dauer brüchig werden. EM pur nicht auf Zinkblechfensterbänke tropfen lassen, da sie mit dem Metall reagieren und dort Spuren hinterlassen können.

Flecken entfernen

EM können Öle, Fette, oxidierte Metalle sowie organische Farb- und Eiweißverbindungen verdauen. Die Verdünnung der EM richtet sich nach der Empfindlichkeit des Materials, aus dem der Fleck entfernt werden soll. Je größer die Wirkmenge der EM ist, desto eher tritt die Wirkung ein. Dabei sind die Grundsätze der EM-Anwendung zu beachten (s. Kap. 12).

Flecken in Textilien

1. Zunächst an einer unauffälligen Stelle mit gering verdünnten EM vergewissern, dass das Gewebe nicht die braune Farbe der EM annimmt. Falls dies geschieht, stärker verdünnen oder eine farblose EM-Lösung (s. Kap. 19) verwenden.
2. Den Fleck mit EM einsprühen oder tränken und einwirken lassen – oder das Textil einige Stunden in EM einweichen lassen.
3. Anschließend auswaschen.
4. So oft wiederholen, bis das gewünschte Ergebnis erreicht ist.
5. Da sich die EM beim Stehen an der Luft verändern, bei Flecken, die eine längere Einwirkzeit brauchen, das Textil in eine Folie einwickeln bzw. die Oberfläche des Wasserbads mit einer Plastikfolie bedecken. Das Bad nach spätestens 1 Tag erneuern. Das Einweichwasser kann anschließend in den Garten gegossen werden.

Flecken in Holz

- Die Stelle zunächst probeweise mit stark verdünnten EM einweichen, je nach den Umständen die Konzentration allmählich steigern, bis sichtbar wird, ob der Fleck kleiner wird.
- Nicht dauerhaft anwenden, weil das Holz unter Umständen an-

gegriffen werden kann. Im Zweifelsfall einen Holzrestaurator bzw. -fachmann um Rat fragen.

Entfernt auch hartnäckige Flecken.

Frittieren

- 5 Keramikröhrchen je kg Fett oder 1 großen EM-Keramikring pro Fritteuse in das Fett legen und auch nach dem Abkühlen während der Lagerung darin belassen.

Verbessert den Geschmack des Frittierten und reduziert die Geruchsbildung beim Erhitzen. Reduziert das Ranzigwerden und verlängert Fettstabilität und Verwendbarkeit.

Gemüse lagern

- Gemüse beim Einlagern für den Winter oder beim Lagern in Küche, Kühlschrank oder Keller mit 20 ml EM je 1 l Wasser dünn einsprühen.
- Untergrund bei Bedarf mit EM-Keramikpulver (s. Kap. 21) einpudern.
- Die Umgebung des Lagerorts am besten ebenfalls mit EM beleben.

Lässt Gemüse länger frisch bleiben, hält »Fressfreunde« fern und verzögert die Schimmelbildung.

10 bis 20 ml EM je 1 l Wasser.
Die Verdünnung der EM richtet sich nach der Menge an Färbung und Feuchtigkeit, die das betreffende Objekt verkraftet.
Die Häufigkeit der Anwendung hängt von der Intensität der Ursache ab.

Sprühlösung im Raum versprühen

Nach dem Versprühen kann zunächst der Eigengeruch der EM im Raum zu riechen sein, der sich jedoch in der Regel rasch verflüchtigt. Falls dies nicht der Fall ist, wurden zu alte EM verwendet, oder die Qualität war aus anderen Gründen unzulänglich (s. »Haltbarkeit«, S. 46 ff.).

- ⇨ In *Wohnräumen* Sprühflasche so hoch wie möglich halten, damit die feinen Flüssigkeitströpfchen durch die Raumluft herunterfallen. Ausreichend Abstand von weißen Wänden und Gegenständen halten, die keiner Färbung ausgesetzt werden sollen. Je stärker EM verdünnt werden, desto weniger Melassefärbung bringen sie mit sich.
- ⇨ In *Tierställen* bis zu täglich 7 bis 50 ml EM pro m^2 Bodenfläche vernebeln, beispielsweise 3 l EM je 7 l Wasser (s. »Stall«, S. 165 f.).
- ⇨ In *größeren Hallen,* beispielsweise in Gewerbebetrieben, können zur Neutralisierung von Ausdünstungen Verneblungsgeräte oder fest installierte Sprühanlagen eingesetzt werden. Diese verteilen zu individuell wählbaren Zeiten, zum Beispiel zwei- bis dreimal wöchentlich, automatisch EM-Lösung im Raum.

EM neutralisieren Gerüche und verhindern ihre Neuentstehung. Sie verändern Stoffwechselprozesse, lösen ausdünstende Gifte auf und stimmen dadurch das Milieu um. Es bleiben entweder geruchlose flüchtige Gase oder, beispielsweise bei Tieren, ein angenehmer arttypischer Geruch.

Brandschaden

- Nach einem Brandschaden alle Oberflächen und die Raumluft mit EM pur einsprühen.
- Da in der Regel hinterher renoviert werden muss, spielen Farbe und Säuregehalt der EM auf den Materialien in diesem Fall meist keine Rolle.

Eingenässtes Bettzeug oder Matratzen

- Mit EM pur einnebeln, einwirken lassen und gründlich ausklopfen.
- Bei Bedarf mit fast konzentrierten EM tränken, kurz einwirken lassen und mit klarem Wasser auswaschen.

Zigarettenrauch / Essensgerüche

- 10 bis 20 ml EM je 1 l Wasser im Raum oder über die jeweiligen Objekte versprühen, s. o.

Übelriechende Plastikprodukte

- Je nach Materialverträglichkeit mit EM pur einsprühen oder in EM baden.
- Kinderspielzeug grundsätzlich vor erster Benutzung mit EM reinigen.

Geschirrspülmaschine

- ⇨ 30 bis 40 EM-Keramikröhrchen (s. Kap. 21), in ein stabiles Netz eingebunden, oder einen großen Keramikring beispielsweise ins Besteckgitter der Maschine geben.
- ⇨ Bei absehbarer längerer Nichtbenutzung 20 bis 40 ml EM in den Ablauf gießen.

Senkt den Spülmittelbedarf und reduziert Kalkflecken auf dem Geschirr. Messer bleiben länger scharf. Hält den Abfluss frei und verhindert die Entwicklung von Ablagerungen und unangenehmen Gerüchen.

✋ Dem Spülgang keine lebenden EM beigeben, da diese bei den üblichen Temperaturen absterben und der saure Charakter der EM der Wirkung eines basischen Spülmittels widerspricht.

Kochtöpfe

- ⇨ Angebrannten Kochtopf mit EM pur einweichen.
- ⇨ Oberfläche mit Plastikfolie belegen, damit möglichst wenig Luft zutritt.
- ⇨ Einige Stunden stehen lassen, angedaute Schicht abschaben.
- ⇨ Neu mit EM einweichen.
- ⇨ Bei dicken Krusten so oft wiederholen, bis sich alle Beläge lösen lassen.

Löst Bodensätze auf, vermeidet die Verwendung scharfer Mittel.

Küchenabfälle

- ➪ Mit EM pur oder gering verdünnten EM direkt besprühen, insbesondere während der warmen Jahreszeit.
- ➪ Ab einer bestimmten Menge unter erneutem Einsprühen mit EM
  - in die Biotonne,
  - in den Bokashi-Eimer umschichten (s. »Bokashi aus der Küche«, S. 190 ff.) oder
  - dem Kompost zuführen (s. »Kompost«, S. 106 f.).

Verhindert unangenehme Gerüche, vermeidet Fliegenvermehrung, sorgt für Fermentation, bereitet das Material für die Umwandlung zu Bokashi vor und vermeidet Müll.

Kühlschrank

- ➪ Kühlschrank innen mit 40 ml EM je 1 l Wasser auswischen.
- ➪ EM-Keramikröhrchen (s. Kap. 21) in die Fächer legen.
- ➪ Gemüse und Obst vor dem Lagern mit EM einsprühen.

Vermeidet Schimmelbildung, sorgt für längere Frische von Lebensmitteln.

👎 Gummidichtungen nicht regelmäßig mit EM pur abwaschen, da sie dadurch auf Dauer spröde werden können.

Leder

- ⇨ Das Leder mit 20 ml EM auf 1 l Wasser dünn einsprühen, kurz einwirken lassen, noch in feuchtem Zustand ganz trockenwischen.
- ⇨ Man kann EM auch tropfenweise in Lederpflegemittel einarbeiten, jedoch immer nur in die Menge, die frisch gebraucht wird.
- ⇨ Für Reitzubehör s. »Pferde« (S. 154 ff.).

Frischt die Farben auf, fördert den Schutz der Lederoberfläche und verhindert Schimmelbildung.

Luftbefeuchter

Verdunster an Heizungen

- ⇨ Einige Tropfen EM ins Wasser zugeben.
- ⇨ Wenn möglich, Keramikröhrchen (s. Kap. 21) einlegen.

Verbessert die Qualität des entstehenden Wasserdampfes, reduziert den Gebrauch desinfizierender Mittel, verbessert das Raumklima und verhindert unerwünschte Verkeimung.

☝ Unbenutzte Geräte nicht über längere Zeit mit EM-Lösung im Wasser stehen lassen.

Zerstäuber und Verdampfer

- ⇨ 8 EM-Keramikröhrchen (s. Kap. 21) je 1 l Wasser in den Wassertank geben.
- ⇨ Geräte mit verdünnter EM-Lösung spülen und reinigen.

Mülltonne

- Leere Tonne mit EM pur auswaschen.
- Bei Bedarf, insbesondere in der warmen Jahreszeit, EM über das Füllgut sprühen.

Hemmt die Geruchsentwicklung, verhindert Schimmel- und Fäulnisbildung.

Siehe auch »Biotonne« (S. 189 ff.).

Rasiergerät

- Klinge, Messer oder Scherkopf des Rasierers für mehrere Stunden in 10 ml EM je 100 ml Wasser einlegen und gut trocknen lassen.

Verbessert die Schnittschärfe, hemmt die Rostentwicklung und verhindert das Auftreten von Entzündungen bei kleinen Verletzungen.

Raumluft

- Im Umfeld kranker Menschen, Pflanzen und Tiere 20 ml EM in je 1 l Wasser versprühen (s. S. 118 f.).
- Nach dem Staubsaugen, bei toxischer Belastung durch Ausdünstungen oder bei staubigen Arbeiten EM in der Raumluft versprühen.
- Sprühnebel so hoch wie möglich halten und die Tröpfchen durch die Luft herunterrieseln lassen (s. »Gerüche neutralisieren«, S. 198 f.).

Verbessert das Raumklima, besiedelt den Raum mit einer harmonischen Mikrobengemeinschaft, reduziert toxische Verbindungen, bindet aufgewirbelte Partikel, neutralisiert Gerüche und erleichtert das Atmen.

Reinigen von Oberflächen

Putzwasser: 10 ml EM je 5 l Wasser.
Sprühlösung: 20 ml EM je 1 l Wasser.
Bei starker Verschmutzung mehr.

Oberflächen mit EM-Lösung wie gewohnt reinigen:

- ⇨ Bei Keramik und Armaturen Flächen in Bad und Küche mit EM benetzen oder einsprühen, 15 Minuten einwirken lassen, abwischen.
- ⇨ Fettschichten auf dem Küchenschrank oder der Dunstabzugshaube mit EM pur einweichen, einwirken lassen und abwischen.
- ⇨ Wenn nötig, länger einweichen oder mehrfach wiederholen.
- ⇨ Beim Putzen sind wie überall die Grundeigenschaften der EM zu beachten (s. Kap. 12).

Löst Schmutz, Kalkflecken und Ablagerungen leichter, sorgt für glänzend saubere Flächen und verzögert die Wiederverschmutzung. Vermindert das Entstehen von Kalkflecken auf Armaturen, besiedelt Flächen mit einer harmonischen Mikrobenmischung, hemmt Schimmelbildung und verbessert das Raumklima. Pflegt Hände beim Putzen mit EM.

Siehe auch »Boden wischen« (S. 190) und »Fenster putzen« (S. 195).

Rostentfernung

- ➪ Rostiges Gerät, wenn verträglich, in EM pur einlegen. 24 Stunden einweichen lassen, herausnehmen, abwischen und abtrocknen.
- ➪ Metallwerkzeug, beispielsweise Gartengeräte vor der Winterpause, mit EM pur feucht abwischen und trocknen lassen.

Löst Rost, stoppt das Rosten und beugt Rostentstehung vor.

Schimmel

Schimmel in Wohnräumen

Siehe »Schimmelwachstum auf Wänden« (S. 220 f.) und »Sprühlösung im Raum versprühen« (S. 198 f.).

Verschimmelte Gegenstände

- ➪ Wenn möglich, kurzzeitig in EM pur baden, sonst mit EM abwaschen.
- ➪ In der prallen Sonne trocknen lassen und anschließend erneut mit EM pur imprägnieren.

Verschimmelte Stellen in Bad und Küche

- ➪ Mit EM pur oder verdünnt einsprühen, einwirken lassen und abwischen. Die Konzentration richtet sich nach den Gegebenheiten.
- ➪ Risikostellen vorsorglich mit EM einnebeln.

✋ Es gibt Silikon und andere Fugenfüllungen, die die Farbe der EM annehmen. Schimmelpigmente in Silikondichtungen lassen sich in der Regel nicht durch EM entfernen.

Schimmel auf Lebensmitteln

- ⇨ Schimmelanfällige Nahrung wie Zitrusfrüchte vorsorglich mit EM pur einsprühen.
- ⇨ Verschimmelte Lebensmittel sind nicht mehr zum Verzehr geeignet, können aber mit EM eingesprüht dem Küchenbokashi (s. S. 190 ff.) zugegeben werden.

Hemmt Schimmelwachstum, bindet Schimmelpilzsporen und Toxine, sorgt für eine gesunde Mikrobenbesiedlung, die vor dem Ansiedeln von Schimmelpilzen schützt.

Schnittblumen

---

5 EM-Keramikröhrchen (s. Kap. 21) je 1 l Blumenwasser.
1 bis 3 Tropfen EM je 1 l Blumenwasser.
20 ml EM auf je 1 l Wasser zum Einsprühen.

- ⇨ EM-Keramik und EM zum Blumenwasser in die Vase geben.
- ⇨ Blumen mit EM einsprühen.

Verhindert Fäulnis, hält Blumen länger frisch, neutralisiert chemische Imprägnierungen, verlängert die Intervalle der Wassererneuerung und die Freude an den Blüten.

Schränke

- Schränke mit 20 ml EM je 1 l Wasser auswaschen oder einsprühen und einwirken lassen.

Löst muffigen Geruch, Parfüm-, Nikotin und Waschmittelgerüche auf, hemmt Wiederverschmutzung, besiedelt die Flächen mit regenerativer Mikrobengemeinschaft und beugt Kleiderschädlingen vor.

Schuhe

- Verschmutzte Schuhe mit 30 ml EM je 1 l Wasser abwaschen.
- EM tropfenweise ins Lederfett einmischen und den Schuh direkt damit eincremen. Nur die Menge anmischen, die sofort verwendet wird.
- Schuhe, die unangenehm riechen, innen mit gering verdünnten EM einsprühen oder, beispielsweise bei Gummistiefeln, mit EM pur ausschwenken.
- Bei hartnäckigen Gerüchen für mehrere Stunden in Plastikfolie oder eine -tüte einpacken, damit die EM anaerob einwirken können.
- Anschließend gründlich an der frischen Luft, nicht jedoch in praller Sonne trocknen lassen.

Löst Schmutz leichter, bewahrt vor Schimmelbildung. Sorgt für schönen Glanz und weist länger den Staub ab. Neutralisiert Schweißgeruch, reduziert Milbenbesatz und beugt Fußpilzausbreitung vor.

Teppiche

1. Zur Teppichpflege 20 ml EM je 1 l Wasser auf den Teppich sprühen, mehrere Stunden, beispielweise über Nacht, einwirken lassen, absaugen.
2. Zur Teppichreinigung je nach Teppichqualität und Robustheit Teppich mit Wasser waschen.
3. EM nach den Erfordernissen der Teppichart einbürsten.
4. Etwa 3 Stunden bei mikrobenfreundlicher Raumtemperatur (etwa 15 bis 26 °C) einwirken lassen.
5. Wenn möglich, dabei flächendeckend mit Folie belegen oder in eine Plastikfolie einwickeln, damit das Milieu möglichst anaerob ist.
6. Mit Wasser auswaschen, trocknen lassen.
7. Nochmals absaugen.
8. Zuletzt dünn mit EM einnebeln.

Löst den Schmutz besser, erleichtert das Absaugen, beseitigt Gerüche, Flecken und Laufspuren, schützt vor der Wiederverschmutzung, frischt Farben auf und reduziert die Milbenbesiedlung.

Textilien

⇨ Vorhänge, Kissen und Polster mit 20 ml EM je 1 l Wasser einsprühen, luftig trocknen lassen und ausschütteln oder ausklopfen.

Stößt Staub und Milben ab, lässt unangenehme Gerüche verschwinden, frischt Farben auf, verbessert das Raumklima und verlängert die Reinigungsintervalle von Textilien.

Braune Farbe der EM beachten!

Siehe auch »Flecken entfernen« (S. 196 f.) und »Betten« (S. 189).

Toiletten

- Keramik, Sitz und Deckel mit 20 ml EM je 1 l Wasser einsprühen, mindestens 15 Minuten einwirken lassen, abwischen bzw. abbürsten.
- Deckel des Spülkastens und Funktionsteile innen mit EM reinigen und einsprühen.
- 3 EM-Keramikröhrchen (s. Kap. 21) je 1 l Wasser in den Spülkasten legen oder auf eine wasserfeste Schnur geknotet hineinhängen.
- Vor längerer Abwesenheit, zum Beispiel vor Reisen oder in Ferienwohnungen, EM in jeden Abfluss geben.

Löst Ablagerungen und verhindert die Bildung von Belägen, besiedelt die Toilette mit einer regenerativen Mikrobenmischung und hemmt das Entstehen von Schimmel. Schützt vor der Ansiedelung, unterbindet die Übertragung unerwünschter Mikroben, verbessert die Wasserqualität und verhindert Geruchsentwicklung.

Siehe auch »Abflüsse« (S. 186) und »Toiletten sanieren« (S. 215 f.).

Wäsche waschen

5 bis 10 ml EM je 1 l Wasser.
5 Keramikröhrchen (s. Kap. 21) je 1 l Wasser oder
1 großer Keramikring für die Gesamtmenge.

- Bei Handwäsche das Wasser vorbereiten, indem man es vorher einige Minuten mit EM-Keramik stehen lässt.
- Erst EM ins Wasser geben und verteilen, dann Wäsche zufügen.
- Beim Waschen und Einweichen von Textilien mit EM immer zunächst überprüfen, ob der Stoff womöglich die Farbe der EM annimmt.
- Dem Wasser sinnvollerweise nur dann EM-Lösung beigeben, wenn die Waschtemperatur unter 40 °C liegt, und gleichzeitig weder Waschpulver noch Seife verwenden.
- Das Waschwasser kann anschließend in den Garten gegossen werden.

Löst den Schmutz leichter, spart Waschmittel, schont die Haut der Hände und die Umwelt.

Siehe auch »Flecken entfernen« (S. 196 f.).

Waschmaschine

- EM-Keramikröhrchen (s. Kap. 21) mit jedem Waschgang in die Trommel geben, zum Beispiel 30 Stück. Weil einzelne Röhrchen in der Trommel zerkleinert würden, in einen stabilen Beutel stecken, beispielsweise in einen zugebundenen Handwaschlappen, der jedes Mal mitgewaschen wird.
- Bei Temperaturen bis zu 30 °C können dem Wasser zum Hauptwaschgang 20 bis 30 ml EM zugegeben werden, allerdings nicht gleichzeitig mit alkalischen Waschpulvern, da EM sauer sind. Dabei ist zu beachten, dass es helle Textilien gibt, die die Farbe der EM annehmen. Bei Waschgängen über 30 °C sterben EM ab.
- Es kann besser sein, die Kleidung erst in EM einzuweichen und anschließend wie gewohnt zu waschen.

Steigert die Reinigungskraft, reduziert den Waschmittelbedarf, schont die wasserführenden Teile des Geräts. Löst Schmutz und Gestank aus stark verdreckter Wäsche, auch aus ölverschmierter Arbeitskleidung.

Wasserkocher

- 10 Röhrchen je 1 l Füllvolumen regelmäßig im Wasser mitkochen lassen.
- Erneuern, wenn sie sich verfärben oder die Wirkung nachlässt.
- Setzt sich Kalk an den Röhrchen an, diese erneuern oder für 20 Stunden in Obstessig einlegen.

Verbessert die Wasserqualität, hält Kalk im Wasser eingebunden, spart Energie und erleichtert die Reinigung.

Wasserleitung

- EM-Keramikröhrchen auf eine Schnur geknüpft mit circa 20 aufgeknoteten EM-Keramikröhrchen (s. Kap. 21) je 10 cm Länge auf 15 bis 20 cm Strecke um die Hauswasserleitung wickeln oder eine mit EM-Keramikpulver gefüllte Stoffmanschette um das Rohr legen. Je länger die umwickelte Strecke ist, desto mehr Einwirkung hat die EM-Keramik.
- Das Bleigewicht am Untertischschlauch einer ausziehbaren Küchenspülbrause durch EM-Keramik ersetzen.
- Der Qualitätsunterschied ist abhängig von der Ausgangsqualität des dem Haus zufließenden Wassers.

Verbessert die Wasserqualität, löscht unharmonische Schwingungsinformationen, reduziert das Ausfallen von Kalk und fördert die Gesundheit.

Werkzeuge

- ⇨ Werkzeug aus Metall und Kunststoff zur Reinigung und Pflege mit EM pur einsprühen oder einweichen und trockenwischen.
- ⇨ Holzgriffe und Lederteile einsprühen, aber nicht längere Zeit in EM pur einweichen.

Erleichtert die Reinigung, sorgt für geringere Wiederverschmutzung, verlängert die Lebensdauer, hemmt die Rostentwicklung und unterstützt die Schärfe von Klingen.

Siehe auch »Rostentfernung« (S. 205).

35. ABWASSER

Effektive Mikroorganismen vermögen Abwässer je nach Einsatzmenge vollständig zu klären, so dass es direkt wieder in den Kreislauf des Lebendigen zurückfließen kann. Je früher EM den Abwässern beigegeben werden, desto wirksamer ist ihre Tätigkeit. Sie

- klären Wasser,
- öffnen verstopfte Abflüsse,
- verhindern die Bildung von Faulschlamm oder bauen ihn ab,
- verringern die Klärschlammmenge,
- eliminieren unangenehme Gerüche,
- reduzieren die Sauerstoffzehrung,
- vermindern Fliegenbesatz,
- verhindern die Entstehung von Krankheiten,
- reduzieren Ablagerungen an Becken und Sanitäranlagen,
- verlängern die Haltbarkeit von Installationen,

- verbessern Laborwerte bei der Abwasseruntersuchung,
- geben verbessertes Wasser in die nachfolgenden Gewässer ab,
- vermindern den Arbeitsaufwand,
- ersparen Kosten und
- sorgen für einen gesunden Dünger aus Klärschlamm.

Für die Abwasserklärung gibt es im Handel ein EM-Spezialpräparat, dem Mikroorganismenstämme zugefügt wurden, welche schwer abbaubare Zellulose, Fette und Öle leichter zersetzen und verstoffwechseln.
Für größere Anlagen ist eine Beratung durch einen fachkundigen EM-Berater empfehlenswert.

Campingtoilette

- ⇨ In den Spülwassertank EM-Keramikröhrchen (s. Kap. 21) auf Angelschnur aufgeknotet einhängen.
- ⇨ Vor der ersten Benutzung 10 bis 20 ml EM mit etwas Wasser in den Abwassertank geben.
- ⇨ Einweichen der Schüssel mit gering verdünnten EM entfernt angesetzten Urinstein.
- ⇨ Mit 20 ml EM je 1 l Wasser reinigen.

Sorgt für eine längere Haltbarkeit des Spülwassers und für eine hygienische Toilette, verhindert Fäulnis, unterbindet Geruchsentwicklung, verringert den Bedarf an Sanitärzusätzen und verhindert Kalkablagerungen in der Füllstandsanzeige.

Fettabscheider

- Bei Inbetriebnahme 500 bis 1000 ml EM je 100 l Gesamtinhalt des Fettabscheiders durch den Küchenabfluss langsam mit etwas Wasser einlaufen lassen.
- EM täglich zugeben. Menge und Häufigkeit richten sich nach Größe und Art des Betriebes.
- Leitungswasser mit EM-Keramik (s. Kap. 21) bestücken (s. »Trinkwasser«, S. 128 f.).

Verdaut Fette im Abwasser, reduziert Ablagerungen, verhindert Geruchsbildung in Fettsammler, Schlammfang und Abluft und verlängert Leerungsintervalle. Entlastet Abflüsse und Leitungsrohre, verringert Verstopfungsgefahr und verbessert die abfließenden Abwässer.

Kleinkläranlagen

- In gefüllte Becken von Gruben- und Kammerkläranlagen 2 bis 4 l EM pro m^3 Abwasser geben und mit Brauchwasser gründlich einspülen.
- Den Toilettenabflüssen fortlaufend 1 l EM pro m^3 Abwasser beifügen.
- Spülwasser mit EM-Keramik (s. Kap. 21) bestücken.
- Die entleerten Kammern mit 1 l EM je 10 l Wasser reinigen und vollständig mit EM einsprühen.
- Nach Entleerung der Grube 3 bis 8 l EM mit 25 l Wasser in die erste Kammer geben.

✋ Entleerte Gruben wegen Gefahr giftiger Gase nicht betreten.

Setzt Grubeninhalt besser um, reduziert Geruchsentwicklung und Schlammbildung, neutralisiert Toxine und reduziert die Schwermetallbelastung. Hemmt pathogene Prozesse, verlängert Abfuhrintervalle und ermöglicht die Verwendung des EM-Klärschlamms als Dünger, was aber gesetzlich nicht überall zulässig ist.

Für die Abwasserklärung gibt es ein EM-Spezialpräparat, »EM B« oder »EM plus« genannt, das um Mikroorganismenstämme angereichert wurde, die verstärkt Kohlenwasserstoffe aus Fetten und Ölen sowie Zellulose aus Toilettenpapier aufspalten.

Klärschlamm nicht im Garten und auf Nahrungspflanzenflächen ausbringen.

Toiletten sanieren

Erstsanierung

1. Zeitpunkt wählen, während dessen die Toilette für 2 Tage geschlossen werden kann.
2. Alle Oberflächen mit klarem Wasser spülen, um Putzmittelreste zu entfernen.
3. Becken, Toilettenschüsseln, Wände und Böden mit 200 ml EM je 10 l Wasser reinigen.
4. Kachelflächen mit 200 ml EM je 3 bis 5 l Wasser einsprühen.
5. In jeden Abfluss 1 l EM pur geben.
6. 48 Stunden einwirken lassen.
7. Wegen entstandener Abbauverbindungen gründlich lüften.
8. Alles mit reichlich klarem Wasser nachspülen und wischen.

Zur fortlaufenden Reinigung

- ➪ Die üblichen Reinigungsmittel weglassen, da diese in der Regel Mikroben abtöten.
- ➪ Becken, Toilettenschüsseln, Wände und Böden im gewohnten Rhythmus mit 100 ml EM je 10 l Wasser reinigen.
- ➪ Gebrauchtes Wischwasser in die vorhandenen Abflüsse verteilen.
- ➪ Anfangs zweimal wöchentlich, später bei Bedarf 200 ml EM je 5 l Wasser im Raum versprühen.

Setzt abgelagerte Stickstoffverbindungen statt in übel riechendes Ammoniak in geruchlosen Harnstoff um, besiedelt Flächen mit gesunder Mikrobenvielfalt, schützt vor pathologischen Einseitigkeiten, verbessert die Raumluft und reduziert die Krankheitshäufigkeit bei Benutzern.

👍 Vor längerer Nichtbenutzung EM in alle Abflüsse geben.

Siehe auch »Toiletten« (S. 209).

36. BAUEN UND RENOVIEREN

Effektive Mikroorganismen vermögen alle Materialien aufzubessern, indem sie ihnen ihr regeneratives und antioxidatives Potenzial übertragen. Dies kann man sich beim Hausbau, beim Sanieren und Renovieren zunutze machen. Sie

- neutralisieren die Ausdünstungen toxischer Baustoffe,
- verbessern die Verträglichkeit von Baumaterialien für Menschen,
- verkürzen Trocknungszeiten der Materialien,
- erleichtern die Verarbeitung,

- hemmen die Schimmelbildung,
- erleichtern das Reinigen,
- verbessern die Raumluft,
- steigern die Aushärtung von Zement, Mörtel und Beton,
- beugen der Korrosion von Baustahl vor,
- verringern Elektrosmog und
- verbessern die Harmonie der Bauten.

Da EM Lebewesen sind und organische Stoffe verdauen können, wird bei Baumaterialien überwiegend EM-Keramikpulver (s. Kap. 21) eingesetzt.
Mischt man EM-Keramikpulver in Farben, Lacke oder Grundierungen ein, verquirlt man die gewünschte Menge zunächst grundsätzlich im passenden Lösungsmittel, also zum Beispiel in Wasser oder Terpentin, und mischt dieses dann ins gesamte Material. Dadurch vermeidet man, dass sich Pulverblasen oder Flecken bilden, und erreicht eine gleichmäßigere Verteilung.
Da sich die Trocknungszeit von plastischen Materialien durch Zugabe von EM verkürzen kann, gibt man sie erst kurz vor der Verwendung hinzu.
Beim Versprühen von EM darf ein Düsendruck von 3 bar nicht überschritten werden.
Werden beim Hausbau sämtliche Materialien mit EM-Keramikpulver versehen, summiert sich deren feinstoffliche Schwingungswirkung. Daher ist bei der Dosierung Feingefühl gefragt. Überschreitet man nämlich dabei ein Maß, das den jeweiligen Bewohnern bekömmlich ist, kann dies zu unerwünschten Wirkungen führen. In Schlafräumen sollten beispielsweise nicht wahllos sämtliche für Wände verwendete Materialien mit EM-Keramik versehen werden, da sie zusammen ein starkes Energiefeld entfalten, das sensiblen Menschen womöglich das Schlafen erschwert.
Bei allen Anwendungen der EM im Zusammenhang mit gewerb-

lichen Produkten sind die jeweils geltenden Gewährleistungsspielräume gegenüber der Lieferfirma zu beachten.

Beton

0,5 bis 1 Promille EM-Keramikpulver im Wohnbereich.
Bis 5 Promille EM-Keramikpulver bei Nutzbauten,
zum Beispiel Abwassergruben.

- ⇨ Das Keramikpulver dem Zement so gleichmäßig wie möglich zumischen oder vor dem Verdichten der gegossenen Masse beigeben.
- ⇨ Wenn EM-Keramikpulver dem Beton nicht beigemischt werden kann, kann man die Bauverschalung oder Baugrube vorher mit EM-Keramikpulver in EM und Wasser eingerührt aussprühen.

Lässt Beton rascher, gleichmäßiger und ohne Rissbildung abtrocknen, verkürzt die Dauer bis zur endgültigen Festigkeit, führt zu besserer Raumqualität und verringert durch größere antioxidative Kapazität die Korrosionsneigung von Stahl in Beton.

Kleber

- ⇨ 10 g EM-Keramikpulver pro 20 kg Kleber kurz vor der Anwendung gleichmäßig einrühren.

Verkürzt die Trocknungszeit, verringert Ausdünstungen, verhindert, beispielsweise bei Teppichkleber, langfristige unangenehme Gerüche in den Anwendungsräumen und schont die Atemwege des Anwenders.

Lehmbaustoffe

20 ml bis 1 l EM und 10 bis 50 g EM-Keramikpulver pro 30 kg Baulehm, Lehmpulver oder Fertiglehmputz. Bei Lehmputz in Wohnräumen sollte die Menge von 0,5 Promille EM-Keramikpulver pro 30 kg Fertiglehmputz nicht überschritten werden.

- ⇨ EM-Keramikpulver mit dem Lehmpulver vermischen oder
- ⇨ EM-Keramikpulver gleichmäßig in EM und Wasser einrühren und mit dem Lehm gründlich vermengen.
- ⇨ Danach verarbeiten.

Lässt Lehm gleichmäßiger abtrocknen, reduziert die Bildung von Setzrissen, hemmt Schimmelwachstum und neutralisiert den Geruch. Verbessert die bauphysiologischen Eigenschaften und steigert die Abschirmung gegenüber Elektrosmog.

Feuchter Lehm, der mit EM vermengt gelagert wird, fermentiert binnen 3 Monaten und nimmt dabei die Information der EM auf.

Möbel restaurieren

- ⇨ Holz mit 20 ml EM je 1 l Wasser einsprühen.
- ⇨ Rostige Scharniere und Schlösser für 24 Stunden in EM pur einweichen, Rostreste abwischen.
- ⇨ Organische Flecken mit EM einweichen und mit Folie abdecken.

Erfrischt den Geruch alter Möbelstücke, neutralisiert Ausdünstungen von Beize und Kleber, beseitigt Rost, hält Ungeziefer fern.

Salzausblühungen an Wänden

- ➪ Wände mit Salzausblühungen nach Wassereindringen baldmöglichst mit 200 bis 300 ml EM je 1 l Wasser einsprühen.
- ➪ Einwirken lassen und abbürsten.
- ➪ Die EM bereits während der Trocknungsphase aufbringen, damit sie ins noch feuchte Mauerwerk eindringen und dort auch einer Schimmelbildung vorbeugen können.
- ➪ Unter Umständen mehrfach wiederholen.

Stoppt und beseitigt Ausblühungen.

Schimmelwachstum auf Wänden

EM pur zum Einnebeln der Flächen.
100 ml EM je 1 l Wasser oder mehr zum Versprühen im Raum.

Art und Dauer der Behandlung richten sich nach den jeweiligen Gegebenheiten (s. Kap. 34). Sie kann bei Mauerwerk bis zu Monaten dauern:

1. Beseitigen Sie bauliche Mängel, beispielsweise Kältebrücken oder Nässe.
2. Versprühen Sie vor Arbeitsbeginn EM in der Raumluft, um Schimmelsporen zu binden.
3. Schimmel unter Atemschutz mit EM oder anderen geeigneten Mitteln wie Essig nass abwaschen.
4. Trockenföhnen mit Temperaturen über 50 °C kann Pilzmyzelien ausdorren.
5. Betroffene Flächen von Beginn bis zum Abschluss der Trocken-

legung täglich mit EM pur einnebeln. Dabei zulassen, dass EM in die vorhandene Feuchte eindringen, aber so wenig Nässe wie möglich zusätzlich aufbringen.

Beseitigt Schimmel, bindet Schimmelpilzsporen und Toxine, besiedelt die Flächen mit regenerativen Mikroorganismen und beugt der Wiederverpilzung vor.

Siehe auch »Schimmel« (S. 205 f.).

Spachtelmasse

- ⇨ Das Wasser zum Anrühren mindestens 5 Minuten lang in Kontakt mit EM-Keramikröhrchen, -ring oder -gefäß (s. Kap. 21) bringen.
- ⇨ 10 g EM-Keramikpulver pro 25 kg Spachtelmasse gleichmäßig vermischen.

Verbessert die Verarbeitungsqualität, bindet besser ab, sorgt für gesünderes Arbeitsklima beim Abschleifen.

Tapetenkleister

- ⇨ Das Wasser zum Anrühren etwa 5 Minuten lang in Kontakt mit EM-Keramikröhrchen, -ring oder -gefäß (s. Kap. 21) stehen lassen.
- ⇨ 500 mg EM-Keramikpulver pro kg Kleisterpulver vermengen, beispielsweise durch Einsieben.

Verbessert Streichfähigkeit und Klebeeigenschaften, führt zu besserem Abbinden und verhindert Schimmelbildung bei der Lagerung angerührten Kleisters.

✋ Keine lebenden EM zugeben, da Kleister organischen Ursprungs ist und die zellulosebasierten Bindemittel durch die Mikroorganismen verdaut werden können.

Wandfarbe und Lacke

---

10 g EM-Keramikpulver (s. Kap. 21) je 10 l Farbe.
EM in kleinen Mengen.

- ⇨ Das Keramikpulver zunächst mit einer kleinen Menge Farbe oder Lösungsmittel sorgfältig verquirlen, diese dann gründlich in die Gesamtmenge einrühren. Darauf achten, ob die Farbe eine andere Tönung erhält, was bei größerer Menge der Keramik bei Lacken möglich sein kann.
- ⇨ Wenn die Keramikpartikelchen schwerer sind als die Farbe selbst, muss häufig aufgemischt werden.
- ⇨ Bei Farbsprühgeräten prüfen, ob das EM-Keramikpulver für die Düsengröße passagefähig ist.

👍 Die Möglichkeit der Zugabe von flüssigen EM richtet sich nach dem gewählten Farbton. Die braune Färbung der EM kann zu Veränderungen in der Farbnuancierung führen.

Vergrößert Ausstrahlung, Lichtbeständigkeit und Haltbarkeit der Farben. Neutralisiert Ausdünstungen von Lösungsmitteln und reduziert Geruchsentwicklung. Verbessert bei Innenanstrichen das Raumklima.

Wandputz

- ➪ Untergrund mit 20 ml EM je 1 l Wasser einsprühen.
- ➪ Trockenmörtel mit 0,5 Promille EM-Keramikpulver (s. Kap. 21) vermengen und mit Wasser anrühren, das zuvor 5 Minuten lang mit EM-Keramikröhrchen, -ring oder -gefäß informiert worden ist.

Verbessert die Handhabung, verkürzt die Trockenzeit, fördert das Raumklima, neutralisiert Geruchsbildung und unterstützt die Abschirmung von Elektrosmog.

Wasserschaden und Überschwemmung

Mit der Anwendung von EM, pur oder verdünnt, sollte man grundsätzlich bereits vor der Trockenlegung beginnen, damit die EM bis in die Tiefe des Mauerwerks oder Grundes vordringen können.

Wasserschaden im Mauerwerk mit Frischwasser

- ➪ Je nach Ausmaß und Schimmelrisiko Flächen bis zu täglich mit verdünnten EM einnebeln, bis sie getrocknet sind.

Wasserschaden nach Überschwemmung mit Schmutzwasser

- ➪ Sämtliche Flächen mit verdünnten EM gründlich abwaschen, Schlammkrusten unter Umständen mit einem Niederdruck-Wasserstrahlreiniger.
- ➪ Feucht einwirken lassen.

- ➪ Anschließend mit EM pur einsprühen.
- ➪ Wirken lassen und nach Bedarf während der Trockenzeit wiederholen.

Beseitigt muffige Gerüche und Gestank von Abwässern, erleichtert die Reinigung, neutralisiert Schadstoffe und Toxine und beugt Fäulnis und Schimmelbildung vor.

Wasserschaden nach Überschwemmung von Gärten, Grünflächen und Spielplätzen mit Schmutzwasser

- ➪ 200 ml EM je 10 l Wasser je 10 m² großflächig ausbringen.
- ➪ Garteneinrichtungen und Spielgeräte mit EM abspritzen und trocknen lassen.

Neutralisiert Gifte, beseitigt üble Gerüche, verstoffwechselt Öle, Fette und Eiweißverbindungen, revitalisiert Pflanzen, Wurzeln und Bodenlebewesen und sorgt für eine Wiederbesiedlung mit einer gesunden Mikrobengesellschaft.

✋ EM nicht bei prallem Sonnenlicht ausbringen!

37. ENERGIEGEWINNUNG

Effektive Mikroorganismen können für Energieersparnis sorgen, indem sie die Rohstoffe vor einer Verbrennung mit ihrer antioxidativen Kapazität energetisch aufwerten. Dies lässt sich in Heizungsanlagen, bei der Brennstofflagerung und für Verbrennungsmotoren nutzen. Sie

- erhöhen die Energieausbeute,
- verringern den Schadstoffausstoß,
- reduzieren die Rußbildung,
- sorgen für einen ruhigen Abbrand der Brennstoffe,
- führen zu gleichmäßigem Laufen von Motoren,
- erleichtern die Wartung von Heizungsanlagen,
- schonen die Umwelt und helfen, Kosten zu sparen.

Benzin

⇨ EM-Keramikring an einer Schnur befestigen und in einen befüllten Benzinkanister hängen, einige Stunden wirken lassen, herausnehmen und das Benzin dann – sicherheitshalber durch ein feines Sieb – in den Tank füllen.

Steigert die Energieausbeute und spart Kraftstoff, lässt den Motor ruhiger laufen, verbessert die Abgaswerte und verringert den Verschleiß.

✋ Keine losen EM-Keramikröhrchen und dergleichen in Tanks geben, da sie womöglich dort Abflüsse verstopfen können.

Heizung

Gasheizung

⇨ Gaszuleitung mit aufgefädelten EM-Keramikröhrchen (s. Kap. 21) oder einer Manschette mit EM-Keramikpulver über mindestens 18 cm Länge umwickeln.

⇨ EM-Keramikring in der Nähe des Brenners postieren.

Holzhackschnitzelheizung

- ⇨ Die Schnitzel zur Lagerung mit EM pur dünn besprühen.
- ⇨ EM-Keramikring oder -röhrchen an geeigneter Stelle postieren, z. B. in der Nähe der Feuerung oder der Brennstoffzuführung.

Kaminofen

- ⇨ Auf Draht gefädelte EM-Keramikröhrchen (s. Kap. 21) in der Brennkammer aufhängen.
- ⇨ EM-Keramikring in der Ecke der Brennkammer postieren.
- ⇨ Das Brennholz beim Einlagern mit EM pur einnebeln.

Ölzentralheizung

- ⇨ EM-Keramikring (s. Kap. 21) in oder auf den Öltank legen.
- ⇨ Ölfilter mit EM-Keramikröhrchen füllen.
- ⇨ Brennkammer mit EM-Keramikröhrchen bestücken.

Pelletheizung

- ⇨ EM-Keramikröhrchen (s. Kap. 21) im Bereich der Pelletzufuhr zur Feuerung bzw. um den Brenner postieren.
- ⇨ Pelletlager vor Wiederbefüllung mit EM pur aussprühen und trocknen lassen.

Verbessert die Energieausbeute, sorgt für ruhigeren Abbrand, verbessert die Abgaswerte, löst Rußablagerungen, verringert deren Neubildung und verlängert Wartungsintervalle. Erleichtert das Reinigen der Anlage und der Rauchabzugsrohre, spart Rohstoffe, schont die Umwelt und spart Kosten.

Die Natur ist die Mutter der Menschheit,
die Liebe ihre Bildnerin,
und die Wahrheit ist das Reich Gottes ewiglich.
Heinrich Zschokke

IV. Anhang

WEITERFÜHRENDE LITERATUR

EM kompakt enthält alle notwendigen Informationen, um die Effektiven Mikroorganismen praktisch anwenden zu können. Weitere Hintergründe, zahlreiche persönliche Erfahrungen und Studien zu EM, Beispiele für die EM-Anwendung für die Gesundheit, Anleitungen für hier nicht genannte Bereiche wie Ackerbau und Nutztierhaltung sowie allgemeine Informationen über die Mikroorganismen und die Geschichte der Mikrobiologie finden Sie in den beiden folgenden Büchern:

Zschocke, Dr. Anne Katharina: *Die erstaunlichen Kräfte der Effektiven Mikroorganismen.* Knaur, München 2011

Dies.: *EM – Die Effektiven Mikroorganismen. Bakterien als Ursprung und Wegweiser alles Lebendigen.* AT Verlag, Aarau und München 2013

Von den Bakterien des Menschen und seiner Heilung handeln folgende Bücher:

Zschocke, Dr. Anne Katharina: *Darmbakterien als Schlüssel zur Gesundheit. Neueste Erkenntnisse aus der Mikrobiom-Forschung* Knaur, München 2014

Dies.: *Natürlich heilen mit Bakterien. Gesund mit Leib und Seele.* AT Verlag Aarau 2016

Die Inhaltsverzeichnisse dieser Bücher können Sie unter www.EM-Praxis.de und www.darmbakterien-buch.de einsehen.

Das Zitat von Heinrich Zschokke stammt aus dem Werk:
Heinrich Zschokke: *Der Eros oder über die Liebe,* Aarau 1821, aus: Heinrich Zschokke: *Ausgewählte Schriften.* Band 10, Heinrich Remigius Sauerländer Verlag, Aarau 1825

Mikrobiologie und Biologie

Bayerische Akademie der Wissenschaften: *Rundgespräche der Kommission für Ökologie.* Dr. Pfeil, München 2002
Beckmann, Gero, und Andreas Rüffer: *Mikroökologie des Darmes.* Schlütersche, Hannover 2000
Konemann, Elmer W.: *Am anderen Ende des Mikroskops.* Spektrum, Heidelberg 2003
Lüttge, Ulrich, Manfred Kluge und Gerhard Thiel: *Botanik.* Wiley-VCH, Weinheim 2010
Rolle, Michael, und Anton Mayr: *Medizinische Mikrobiologie, Infektions- und Seuchenlehre.* Enke, Stuttgart 2007
Rusch, Hans Peter: *Naturwissenschaft von morgen.* H. G. Müller, Krailling b. München 1955
Rusch, Kerstin und Volker: *Mikrobiologische Therapie.* Haug, Heidelberg 2001
Rusch, Volker: *Bakterien. Freunde oder Feinde?* Urania, Berlin 1999
Schulze, Jürgen, u. a.: *Probiotika.* Hippokrates, Stuttgart 2008
Sonnenborn, U., und R. Greinwald: *Beziehungen zwischen Wirtsorganismus und Darmflora.* Schattauer, Stuttgart 1991
Wiesmann, Ernst: *Medizinische Mikrobiologie.* Thieme, Stuttgart 1982

Geschichte der Mikrobiologie

Großgebauer, Klaus: *Eine kurze Geschichte der Mikroben.* Verlag für Angewandte Wissenschaften, München 1997

Grüntzig, Johannes W., und Heinz Mehlhorn: *Expeditionen ins Reich der Seuchen.* Elsevier, München 2005

Löffler, Friedrich: *Vorlesungen über die Entwicklung der Lehre von den Bakterien.* Leipzig 1887

Mochmann, Hanspeter, und Werner Köhler: *Meilensteine der Bakteriologie.* Edition Wötzel, Frankfurt a. M. 1997

Steinbrück, Paul, und Achim Thom: *Robert Koch (1843–1910). Ausgewählte Texte.* Sudhoffs Klassiker der Medizin, Neue Folge 2 J. A. Barth, Leipzig 1982

Erdgeschichte

Bosse, Dankmar: *Die gemeinsame Evolution von Erde und Mensch.* Freies Geistesleben, Stuttgart 2002

Fortey, Richard: *Leben. Eine Biographie. Die ersten vier Milliarden Jahre.* dtv, München 2002

Margulis, L., und D. Sagan: *Leben. Vom Ursprung zur Vielfalt.* Spektrum, Heidelberg 1999

Boden

Pfeiffer, Ehrenfried: *Die Fruchtbarkeit der Erde.* R. Geering, Dornach 1977

Rusch, Hans Peter: *Bodenfruchtbarkeit.* OLV, Xanten 2004

Energien

Al-Khalili, Jim: *Quantum. Moderne Physik zum Staunen.* Elsevier, München 2005

Bischof, Marco: *Tachyonen, Orgonenergie, Skalarwellen.* AT Verlag, Aarau und München 2002

Wasser

Lauterwasser, Alexander: *Wasser Klang Bilder. Die schöpferische Musik des Weltalls.* AT Verlag, Aarau und München 2002
Schauberger, Viktor: *Das Wesen des Wassers.* AT Verlag, Baden und München 2006
Wilkens, Andreas, u. a.: *Wasser bewegt.* Haupt, Bern 2009
Zerluth, Josef, und Michael Gienger: *Gutes Wasser.* Neue Erde, Saarbrücken 2004

Weitere

Gabriel, Markus: *Warum es die Welt nicht gibt.* Ullstein, Berlin 2013
Kasper, Heinrich: *Ernährungsmedizin und Diätetik.* Elsevier, München 2004
Rosenberg, M.: *Konflikte lösen durch gewaltfreie Kommunikation.* Herder, Freiburg 2004
Schrödinger, Erwin: *Was ist Leben?* Piper, München 1987

Übersetzungen

Zschocke, dott.ssa Anne Katharina: *I Batteri Intestinali – La chiave per guarire e vivere in salute Gruppo Macro, Cesena, April 2017 (italienisch)*
Zschocke, dott.ssa Anne Katharina: *La Rivoluzione dei Microrganismi Effettivi Gruppo Macro, Cesena, April 2018 (italienisch)*
Zschocke, dr. Anne Katharina: *Mikrobiom – sposób na pokonanie chorób.* Vital, Białystok 2018 (polnisch)

BEZUGSQUELLEN

Wenn Sie nun anfangen möchten, mit Effektiven Mikroorganismen zu arbeiten, brauchen Sie eine Bezugsquelle dafür. Diese finden Sie am besten durch Nachforschen in der Umgebung. Aus Fairness möchte ich hier keine einzelnen Händleradressen nennen. Es gibt in allen großen und vielen kleinen Städten und zahlreichen Dörfern Menschen und Geschäfte, die EM anbieten: in Bioläden, Gärtnereien, im Aquarien- oder Tierfutterhandel, in Gesundheitsinstituten, auf Bauernhöfen, in Töpfereien oder Hotels. So vielseitig die EM selbst sind, so vielfältig ist ihr Vertrieb. Es kann sein, dass Sie EM in einem Farbenhandel finden oder bei einer Schneidermeisterin, in einem Seminarhaus oder bei der Nachbarin um die Ecke.

Wenn Sie auf diesem Wege keine EM finden, bietet das Internet jede Menge Angebote (siehe Kapitel 19).

KONTAKT

Termine meiner Vorträge und Seminare finden Sie im Internet unter www.EM-Praxis.de.

Sie können mir gern Ihre eigenen Erfahrungen mit EM erzählen. Dies ist per Postbrief oder per E-Mail an folgende Adressen möglich:

Dr. Anne Katharina Zschocke, postlagernd, 53946 Nettersheim

bzw.

Erfahrung@EM-Praxis.de.

DANKE!

Allen, die dabei mitgeholfen haben, dass dieses Buch geschrieben werden konnte, danke ich von Herzen: für das Abtippen des handschriftlichen Manuskripts, für die Hilfe in Haus und Garten und die Erste Hilfe bei der Technik, für Ermutigungen, für kritische Lektüre, für die Einladungen zum Essen und all denjenigen Menschen, die ihre persönlichen Erlebnisse mit EM mit mir geteilt haben. Adolf Daenecke (1939–2013), dessen tiefes Wissen unsere langjährige Zusammenarbeit mit EM erfüllte, gilt mein Gedenken. Namentlich danke ich Olivia Baerend, Dr. Hildegard Theobald, Elke Meyer, Alice v. Bezold, Marie-Therese Esser, Helga und Brigitte Fröhlich, Stefanie Weiß, Stefan Hatting, Dipl.-Ing. Frank Diefenbach, Beate Hammerich, Magdalena und Werner Michels, Ralf Lay, Dr. Gerd Lüling, Dr. Haide Mies, Dr. Dieter Berger, Dr. Elisabeth Brenig, Dr. Götz Deml, Silvia Schmidt und dem Team vom Kopierladen am Bahnhof in Euskirchen.

STICHWORTVERZEICHNIS

Abflüsse 186
Abwasser 212–216
Ackerschachtelhalmtee 90
Aerob 12, 30 ff.
Aktinomyceten 29
Allergien 23, 43, 174
Anaerob 38,51
Antibiotika 37
Antioxidation 33 f.
Aquarium 124 f.
Augenerkrankung, Tiere 139 f.
Auto 185 ff.

Bad, verschimmelte Stellen im 205 f.
Badewasser 125
–, Tiere 139 f.
Bakterien, resistente 180 f.
Balkonkästen 188 f.
Bauen 216–224
Bäume
– einsprühen 86 f.
– planzen 85 f.
– sanieren 87 f.
– versorgen 90 f.
Baumstammanstrich 91
Baumstumpf auflösen 92
Beet
– neu anlegen 92 f.
– vorbereiten 93
Benzin 225
Beton 218
Betten 189
Bettzeug, eingenässtes 199
Bienen 140 f.
Biofilm 16, 23, 150
Biotonne 189 f.
Blumenzwiebel 122
Bluterguss 171
Boden 38
–, Roh- 115 f.
– vorbereiten 101
– Wintervorbereitung 122
Boden wischen 190
Bodennahrung 94 f.
Bokashi 27, 38, 68 ff.
– zur Bodenverbesserung 99
– füttern 68 f., 141 ff.
– im Garten 95–99
– aus der Küche 68, 70, 190 ff.
–, Rasenschnitt- 96 f.
Botenstoffe 10, 18 f., 26
Brandschaden 199
Brieftauben siehe Vögel
Brot backen 193
Bügeln 194

C:N-Verhältnis 100 f.
Campingtoilette 213

Dangos 70 ff.
Darmbesiedelung 24, 143
Darmstörungen 172 ff.
degenerativ 15, 32 f
Desinfektionsmittel 59
Dosierung 40 ff.
Dominanzprinzip 32 f.

Druck 39
Druckgeschwür 183
Düngebokashi 68
– herstellen 96 ff.
Dunstabzugshaube 194
Durchfall 172
– Tiere 143 f.

Effektive Mikroorganismen (EM)
– Anwendungsgebiete 13
– Anwendungsgrundsätze 35 ff.
– Definition 9 ff.
– Dosierung 40 ff.
– Einnahme 173 f.
– oder EMa 42
–, Erfahrungen mit 25 ff.
– Erstanwendung 41
– Geschichte 28 f.
– Haltbarkeit 46 ff.
– Handhabung 37 ff.
– Herstellung 31
– innerliche Anwendung 42
– Keramik 64–68
– Keramikpulver 67 f.
– Keramikröhrchen 66 f.
– Keramikschmuck 179
– Keramikwasser 65 siehe auch Trinkwasser
– Kommunikation 18 ff.
– Kompost 68
– Lehmkugeln 70 ff.
– Pflanzengärsäfte 75 ff.
– Produktpalette 58 ff.
– Salz 78 f.
– Silage 68
– Technologie 63–79
– Überdosierung 42 f.
– Verdünnung 43 ff.
– Vermehrung zu EMa 38 f., 49–57
– – Fehler 57
– – Rezeptur 55 ff.
– – Vorgehensweise 54 ff.
– Wirksamkeit 48 f.
– Wirkungsweise 31 ff.
– Zusammensetzung 29 ff.
– Zusammenwirken 12
Elektromagnetismus 39, 46
EM siehe Effektive Mikroorganismen
EM 5 78
EM pur 82
EMa 49–57 siehe auch Effektive Mikroorganismen (EM)
EM-X 73 ff.
EM-X-Gold 74 f.
EMzyme 74
Energiegewinnung 224 ff.
Ernterückstände 103
Essen zubereiten 194 f.
Essensgerüche 199

Fasten 174 f.
Faulschlamm 131 f.
Fellpflege 144
– Pferde 155 f.
Fenster putzen 195
Fermentation 33
Fettabscheider 214
Fische 144
Fischteich 132 f.
Flecken entfernen 196 f.

Fließgewässer 133 f.
Folien 122
Frittieren 197
Fußbad 175
Fußboden wischen 190
Fußpilz 175
Futter 145 f.
– Pferde 154 f.
– Schafe 160
Futterbokashi siehe Bokashi füttern
Futtergewinnung 146 f.

Garten 83–123
Gartengeräte 123
Gartenpool 126
Gasheizung 225
Geburt 176
Geburtshilfe, Tiere 147 f.
Geflügel 148 ff.
Gelenkentzündung, Pferde 159
Gemüse 101 ff.
– lagern 123, 197
Gerüche neutralisieren 198 f.
Geschirrspülmaschine 200
Gesundheit 23 ff.
Getränke, mit EM fermentierte 73 ff.
Gewächshaus 103 f.
Gewässer 130–136
Gießen 102, 104 f.

Halsschmerzen 176 f.
Haltbarkeit 46 ff.
Hamster siehe Kleintiere
Haushalt 185–212
Haushaltsreinigungsgeräte siehe Geschirrspülmaschine und Waschmaschine
Hautstörungen 177 f.
Hecke 105 f.
Hefen 9, 29 f.
Heizung 225 f.
Herpesbläschen 177
Heuschnupfen 174
Holz, Flecken in 196
Holzhackschnitzelheizung 226
Honig 140
Huferkrankung 156 f.
Hufpflege 156
Hunde 150 f.

Immunsystem 23 f.
Infektionsrisiko reduzieren
– Tiere 139, 144
– Mensch 148, 180 ff
Instektenstiche 178 f.

Kaminofen 226
Kaninchen siehe Kleintiere
Kastaniensanierung 58
Katzen 151 f.
Keramikschmuck 179
Kleber 218
Kleidung siehe Textilien
Kleinkläranlage 214 f.
Kleintiere 152 ff.
Kochtöpfe 200
Koexistenz, friedliche 12, 32, 59
Koloniebildende Einheiten (KbE) 31
Kompost 94 f., 106 f.

Kreislauf, mikrobieller 11 ff., 21 ff.
Küche, verschimmelte Stellen in 205 f.
Küchenbokashi siehe Bokashi Küche
Küchenabfälle 201
Kühlschrank 201

Lacke 222
Lagertemperatur 46
Lebensmittelunverträglichkeit 174
Leder 202
Lehmbaustoffe 219
Luftbefeuchter 202

Magenerkrankung 174
Manju 74
Matratzen siehe Betten
–, eingenässte 199
Meerschweinchen siehe Kleintiere
Mensch 170–185
– und Mikrobe 22 ff.
Mikrobiom 22 ff.
Milchsäurebakterien 9, 29 ff., 34, 44
Mistbehandlung 154
Möbel restaurieren 219 f.
Monokultur 16 ff.
Mulchen 107 f.
Mülltonne 203
Mundgeruch 180
Mykorrhiza 86

Naturschwimmbad 134
Neurodermitis 177
Niemauszug, fermentierter 89 f.

Oberflächenreinigung 204
Obstbäume 108 ff.
Obstlager 123
Ölzentralheizung 226

Pelletheizung 226
Pferde 154–159
– Fellpflege 155 f.
– Futter 154 f.
– Gelenkentzündung 159
– Huferkrankung 156 f.
– Hufpflege 156
– Pferdehänger 158
– Sehnenschäden 159
– Stallpflege 157
– Tränkewasser 155
– Verletzungen 159
– Zubehör 158
Pflanzen setzen 102, 110 f.
Pflanzenschutz 111 f.
Pflanzerde 112 f.
Photosynthesebakterien 9, 29 f.
pH-Wert 37, 48 f.
Pickel 177
Plasmide 19 f.
Plastikprodukte, übelriechende 199
Putzen siehe Bad, Boden wischen, Reinigen von Oberflächen

Quorum Sensing 19

Radikale, freie 34
Rasen 113 f.
– in Beet umwandeln siehe Beet neu anlegen

Rasenschnitt-Bokashi 96 f.
Rasiergerät 203
Raumluft 203 f.
regenerativ 32
Regentonne 114 f.
Reinigen von Oberflächen 204
Renovieren 216–224
Resistente Bakterien 20, 180
Rohboden 115
Rosskastanie sanieren 88 ff.
Rostentfernung 205

Saatgut vorbereiten 102, 116 f.
Säen 117
Salat waschen siehe Essen zubereiten
Salzausblühungen auf Wänden 220 f.
Schafe 160
– Futter 160
– Geburtshilfe 161
– Klauenpflege 161
– Schafschur 162
– Stall 162
– Verletzungen 164
– Zubehör 164
Schimmel 205 f.
Schleimhautverletzung 184
Schnecken regulieren 117 f.
Schnittblumen 206
Schmuck 179
Schränke 207
Schuhe 207
Schuppenflechte 178
Schwimmbad 127
Sehnenschäden, Pferde 159
Sepsis 181
Sitzbad 182
Sonnenbrand 183
Sonneneinstrahlung 38
Spachtelmasse 221
Springbrunnen 128
Sprühen 102, 118 f.
Sprühlösung im Raum versprühen 198
Stall 165 f.
– Pferde 157
– Schafe 162
Stammlösung 11 f, 31, 47
Sträucher 119 f.

Tapetenkleister 221 f.
Tauben siehe Vögel
Teich sanieren 135 f.
Temperatur 39, 46 ff.
Teppiche 208
Textilien 196, 208 f. siehe auch Teppiche
Tiere 137–169
Tiermist 95
Toiletten 209
Toiletten sanieren 215 f.
Tränkewasser 166
– Bienen 141
– Pferde 155
– Schafe 163
Transporthänger
– Pferde 158
– Schafe 163
Trinkwasser 128 f.

Überschwemmung 223 f.
Umschläge 182
UV-Licht 38

Vaginalbesiedlung 23
Vaginalpilz 177
Varroamilbenbehandlung 141
Verbrennung 183
Verbrühung 183
Verdampfer 202
Verdunster 202
Vermehrungsstoffwechsel 47
Verletzungen (Mensch) 183 f.
Verletzungen (Tier) 166 f.
– Pferde 159
– Schafe 164
Verstopfung 173
Vögel 167 ff.
Vogelfutterhäuschen 168
Vogeltränke 169
Vorhänge siehe Textilien

Wände, Salzausblühungen auf 220 f.
Wandfarbe 222
Wandputz 223
Warzen 177
Wäsche waschen 209 f.
Waschmaschine 210 f.
Wasser 123–130
Wasserkocher 211
Wasserleitung 211
Wasserschaden 223 f.
Werkzeuge 212
Wiese 121 f.
– in Beet umwandeln siehe Beet neu anlegen
Windeldermatitis 178
Winterfütterung, Bienen 141
Wintervorbereitung 122
Wunde, offene 183
Wurzelknollen 123
Wurzelpilze 86
Wurzelwachstum 83 ff., 94 ff.

Zähne 44, 184
Zahnersatz 184 f.
Zahnfleisch 184
Zerstäuber 202
Ziegen vergleiche Schafe
Zigarettenrauch 199
Zimmerpflanzen
Zisterne 129 f.
Zubehör siehe jeweilige Tierart